浦睿文化 × 黄小厨
INSIGHT MEDIA　　*nao*bHUANG

联 合 出 品

黄小厨的美好日常

享受酱醋茶 ◎ 不忘诗酒歌

黄磊 / 著

C᰿S 湖南文艺出版社
NUNAN LITERATURE AND ART PUBLISHING HOUSE

目 录

Chapter 1 旧时光的线索

Chapter2 时序滋味

Chapter3 安于日常

Chapter4 烹煮的奥秘

Chapter 5 解忧厨房

Chapter6 年味最高

Chapter 7 特别辑录

比吃饭更高的，
是亲手为家人制作美味。

Chapter1 旧时光的线索

记忆因为某些细节才得以清晰地留存。

是颜色，是气味，是味道，

具体到某一天天空和树叶的颜色，

具体到某一天吃过的一辈子也忘不了的滋味……

这便是旧时光留给我们的线索。

味道的家园

> 每到过年，我们都会问自己：什么是家乡的味道？家乡的味道就是父亲、母亲做的那顿饭的味道。

我出生在江西，经常有人问我会不会做一些江西的美食，比如粉蒸肉、小笼包、腌笋等。坦白讲，我是一个非常不典型的江西人。我祖籍江苏南通，爷爷、奶奶、叔叔、姑姑、父亲都是南通人，父辈的其他亲戚也都在南通。我另外一半的记忆和血统更贴近湖南，因为我母亲是湖南人，外公、外婆、姨妈、舅舅都在湖南株洲。我大部分的童年是在株洲和北京度过的。

"文革"中期，我出生于江西南昌。1976年底，我跟随父亲迁居北京。我对江西的地域感受并不强，不会说江西话，对江西菜肴味道的印象也是后来吃各处的江西菜馆才建立的，而不是在童年。

每个人都会认为自己的家乡有特别的味道。读大学的时候，我一直很美慕那些每到假期就回老家的人，有的同学回哈尔滨，就会带回来里道斯的红肠、风干肠、大列巴；回山东的同学带回煎饼、虾酱；回浙江的带干笋、扁尖笋；安徽的同学会带一些毛豆腐、臭鳜鱼……每个人的老家都有这么多好吃的。

可是，我自己的家乡和我的家乡味道，在哪里？

我没有建立起自己的江西南昌味道，也没有湖南株洲的味道，更没有江苏南通的味道。我小的时候没有太多机会下饭馆，父母做的又不是北京菜，所以我的记忆里也没有北京味道。母亲做的有点儿像湖南家常菜，父亲做的有点儿像江苏自创菜。

长大以后，因为热爱美食，吃遍全球，我才开始记得一些味道。

对于我，家乡的味道就是烧煤的炉子的烟味，米饭的味道，远远飘来的肉片、辣椒、烧茄子、酱油、饺子馅、蒸螃蟹的味道，以及我小时候吃过的所有东西的味道——扣肉、雪菜豆瓣烧黄鱼、雪菜肉丝面条……

那个时候，我家住在朝阳门外芳草地的平房，母亲站在门口喊："黄磊，回家吃饭了。"我就往家里跑，一边跑，肚子一边开始叫。

每到过年，我们都会问自己：什么是家乡的味道？家乡的味道就是父亲、母亲做的那顿饭的味道。

初尝甜意

我小时候经常半夜哭醒了说："我要吃糖饭饭。"糖饭饭是什么东西呢？就是白糖、开水，泡米饭。

　　小时候北京的冬天，留给我的记忆非常丰富。在这些记忆里，不仅有枯树寒鸦，也有许多甜蜜的味道。过年时可以吃到的大白兔奶糖，冬天街头售卖的冰糖葫芦。小时候对甜有着无尽的兴趣，甜，可以让人心情愉快，也让人情绪稳定。

　　甜，在小孩的概念里就是糖。但过去生活物资很匮乏，以至于糖也是一种稀缺的东西。

　　听妈妈讲，我小时候经常半夜哭醒了说："我要吃糖饭饭。"糖饭饭是什么东西呢？就是白糖、开水，泡米饭，这是我小时候最喜欢吃的东西。后来想想，我是想吃点饭后甜点，吃点甜食。

　　大人在过年置办年货时也肯定会买糖。如果能够有机会吃到大白兔奶糖，简直要幸福死了。在商品流通不畅的年代，地方的土特产、特色食品很难买到，大白兔奶糖通常要托人从上海带回来。

　　平常的人家除了过年，待客时不会拿出零食，只奉上一盏清茶。如果家里来了小朋友，才会拿出几颗糖，说"来来来，小朋友吃糖"，把糖塞在他手里，就已经是非常好的招待了。但是过年不一样，待客不能还是一盏清茶，起码要端出一碟花生、一碟瓜子，最好还能有些葡萄干、琥珀核桃仁和一些小点心，当然还要拿出一碟水果糖、一碟奶糖。

小时候，过年时我母亲会买一种叫酸三色的水果糖，圆形小粒，红的、绿的、黄的，包着透明的塑料纸。家里的糖果盘通常是杂拌糖里混一些我们自己放进去的大白兔奶糖和用彩色锡纸包的小巧克力。过年那些天里，巧克力和奶糖会被挑着先吃完，等到过完正月十五的时候，就只剩下酸三色了。

我经常哭着说："只有酸三色，找不到奶糖了。"但我们仍不甘心，在一堆红色的、黄色的、绿色的酸三色里面找啊，翻啊。"哎，我找到了一个!"我忽然在酸三色海洋的最底层发现了一颗大白兔奶糖。

那颗大白兔奶糖真是甜得不得了，也香得不得了! 我会咬一半，剩下一半给我姐姐，一人一半，面对面坐在那儿，坐在北京的冬天里。窗外飘着雪，我们嘴里各自咬着半块儿大白兔奶糖，好开心。

而对冰糖葫芦最深刻的记忆是 1983 年或 1984 年的时候，我刚刚上初中，在北京朝阳门外呼家楼的十字路口西北角，有一个卖糖葫芦的。

大家之间互相传说，那里的冰糖葫芦和别处都不一样，他家的是有馅的，不光有三种。传统的三种指的是：红果儿，即纯山楂的；山药的，一整根连皮的山药，像黄瓜粗细串在竹签上，蘸着糖；还有一种山药蛋儿，就是比鹌鹑蛋还小一点的山药蛋儿串在一起。而那一家，把山楂里面掏空加进去豆沙馅，外面撒了白芝麻然后再去蘸那个糖。此外，他家还有很多花样的糖葫芦，比如一整个梨做的，还有山药上面顶个红果的……那个年代稍稍有一点想象力和创造力，就令大家那么惊讶，可见我们曾经处在一个多么匮乏、想象力多么灰暗的时代，对一个不一样的糖葫芦就会感觉新鲜得不得了。

那是童年记忆中北京冬天独特的一景：用稻草缠绕木棍，上面插满了糖葫芦，有个小朋友，穿着一双黑色灯芯绒面的棉鞋，鞋底是防滑的，如果是塑料底就常会在北京冬天街上滑一个大跟头，蓝色棉猴儿的两个袖口被自己的鼻涕擦得锃光瓦亮，举着糖葫芦走在街上。

那个人，就是小时候的黄小厨。

父亲味觉密码 腌笃鲜

秋风起的日子，父亲制了腌肉，等到入了冬，父亲又买回冬笋。一锅父亲最喜欢的腌笃鲜，也是家的味道。

父亲是一个演员，他对我的戏剧人生的影响是至关重要的。

我小的时候不喜欢演员这个职业，因为那个时候我和姐姐很难在晚上见到爸爸妈妈，下午四点多钟他们就要去后台准备演出。爸爸妈妈提前把做好的饭菜放在蒸锅里面，我跟姐姐两个人就得自己生火热饭。夜里会迷迷糊糊听到爸爸妈妈回来了，第二天一早又会看到桌子上留的零钱和纸条，让我们自己去买早餐。

那个时候，我的数理化学得很好，围棋也下得还不错，所以很希望从事一个和表演、和演员生活没有关系的职业，可在高中分科的时候，父亲和老师串通把我调到了文科班，我为此非常非常沮丧。父亲希望我去考北京电影学院，要我去试一试。我也就阴差阳错地考取了北京电影学院。

考试那时，我们家住在朝阳门，父亲和我一起骑自行车，从朝阳门外骑到北京电影学院。他看到我进考场就跟我说："这个学校有好多老师我都认识，所以我就不到里面去给你送午餐了。中午的时候，爸爸就在草地这儿等你。"

我进去考试，父亲骑十几公里回家做饭，当我考完试的时候，父亲已经往返骑了三十公里。我看到他一个人坐在那片草地上，旁边一辆自行车躺在草地里，他抱着保温桶看着我。

那是 1990 年，父亲五十四岁，比我现在还大十岁。他把亲手做的饭菜一样一样摆在草地上，看着我吃完。就这样我进到了电影学院，就这样我一点一点记住父亲的味道。父亲给我的传承，有艺术的传承，也有那些美食味道的传承。

我小时候对腌笃鲜印象是非常深刻的。刚进入秋天，秋风起的时候，天有点凉了，父亲会去农贸市场买一块五花肉，肉买回来不能洗不能碰水，切成几条，有手掌那么宽两个脚掌那么长，在上面竖着划几刀，炒一点花椒盐，把花椒盐和白酒抹在肉上面，用钉子穿一个眼，吊上一根麻绳，裹上一张牛皮纸，挂在朝北的窗户外，等着秋风起、天凉了，肉就一点点干了、变硬了。

到了冬天，就有冬笋了，爸爸经常会回到家兴奋地说："哎呀，我买到冬笋啦！"他就在那里一层层剥开冬笋，取下吊在窗外的咸肉，放在温的盐水里泡软。

买一块新鲜的五花肉切成块，和笋子、咸肉三样东西一块儿放在滚水里炖，越炖汤汁就越浓，像牛奶一样，最后咸肉变成红色，鲜肉变成透明的。整个过程一粒盐都不用放，味精也不放，就是一锅纯粹的肉汤。

妈妈会结百叶放在里面，爸爸会用上海话说："这是我小时候最喜欢吃的腌笃鲜！"

我现在也是一个父亲，两个小孩儿的父亲。我喜欢做饭，我喜欢给我的小孩儿做饭。我希望有一天，她们也可以记住爸爸的味道。

父亲已经往返骑了三十公里。我看到他一个人坐在那片草地上，旁边一辆自行车躺在草地里，他抱着保温桶看着我。

腌笃鲜

原料 INGREDIENTS

五花肉 / 冬笋 / 咸肉 / 百叶结 / 花椒盐 / 白酒

01

将一大块新鲜的五花肉剁成手掌宽的肉条, 切记肉不能洗不能碰水。用刀子在五花肉的表面划几刀, 以便在腌制的过程中入味。

02

将花椒盐和白酒均匀地涂抹在五花肉上, 轻轻按摩几下, 并在五花肉的顶部穿一个小眼, 用麻绳串起来, 挂在阴凉的地方风干。

03

把买来的冬笋去皮, 然后切成冬笋块。

04

将风干的腌肉放在温水中浸泡，切成块。同样再准备一块新鲜的五花肉，也切成块。

05

等水烧开后，先加入咸肉块和新鲜的肉块，之后再加入冬笋块，一个小时后再放入百叶结。

06

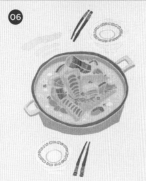

一锅汤汁浓厚鲜美的腌笃鲜就出炉了。

伪装饕餮 蒸螃蟹 & 赛螃蟹

> 童年的味觉里，生姜和米醋就代表螃蟹的味道，还有一点点酒的辣味。

北京的秋天是一年中最美好的季节，树叶子要黄不黄，气压很高，天空很蓝，空气又好，虽然令人沮丧的是刚刚开学，但别的一切都还好。

我小时候喜欢走在北京秋天的街上，那个时候的阳光是透明的，暖暖的，不像现在有雾霾，有尘埃。傍晚，映着夕阳被风吹得哗啦啦的杨树，全变成了金色。徐志摩说他最喜欢秋天，也最喜欢一个字：愁。这个好看的字上面是"秋"，下面是一颗"心"。秋天令人多愁善感，好像匆匆忙忙就到了瓜熟蒂落的时候，匆匆忙忙一年就快要结束。

我有许多关于秋天的美食记忆，其中有螃蟹，我小时候也能够经常吃到大闸蟹，不过那个时候不叫大闸蟹，就叫河蟹。如果我放了学回到家，先闻到生姜和米醋的味道，我就知道今天一定是要吃螃蟹了。

碗里放生姜、米醋、一点点白糖，放入一蒸螃蟹的锅一起稍微蒸一下。

蒸螃蟹前先要用开水把螃蟹烫一下，不要把活的直接放进去。

开水烫过后，把螃蟹肚子朝上放在蒸锅里，然后在蒸锅里放上一些黄酒，切上两片姜，把螃蟹蒸上十五到二十分钟。那时候的螃蟹不算很大，但满满都是蟹黄。9 月、10 月吃母蟹，11 月、12 月吃公蟹。那时我父亲会弄些小酒，用筷子蘸着点儿酒放在我们嘴里，看着我们脸上被辣到的表情。

后来我会经常炒一道很特别的菜，就是醋炒蛋，我也叫它赛螃蟹。就是在鸡蛋里面打一些姜末，炒的时候淋一些醋在上面，居然就能出来非常奇妙的螃蟹的味道。

对于小时候的我们，螃蟹是什么味道？其实生姜和米醋就代表了螃蟹的味道。

蒸螃蟹

时间: **20min**
难度: ★★☆☆☆

原料 INGREDIENTS
大闸蟹 / 生姜 / 米醋 / 白糖

01

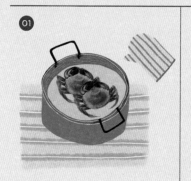

把大闸蟹放在热水中烫一下。

02

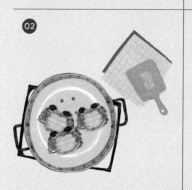

热锅上水,然后隔水把大闸蟹放在托盘上蒸十五到二十分钟,记得大闸蟹的肚子朝上。

03

用米醋、白糖和生姜调一碗酱汁,同时放在锅里跟大闸蟹一起蒸。

赛螃蟹

时间: 10min
难度: ★★☆☆☆

原料 INGREDIENTS

鸡蛋 / 陈醋 / 食盐 / 姜末

01

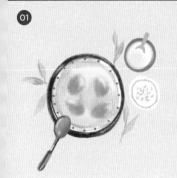

磕四个鸡蛋在碗中,加入少许食盐和生姜末进行搅拌,不用搅拌均匀,一定还要看得到蛋清。

02

起锅倒入食用油之后,先加入一半的蛋液,等蛋液凝固之后出锅再倒入盛有蛋液的碗中,用铲子进行搅拌。

03

再起锅倒入食用油,再将蛋液倒入锅中,加入陈醋,不断地翻炒至熟。

节气挑食 黄焖鸭

> 我小时候的印象中，中秋节还要吃鸭子，吃我父亲做的黄焖鸭。

前几天有人问我，秋分的时候，应该吃什么。

天哪，秋分吃什么我是真不知道啊！这几年，每逢节气大家就开始强调要吃什么，而且各省各地都不一样，比如立秋的时候，大家说要贴秋膘，要吃五花肉，要吃炖肉，要吃涮羊肉，反正说法不一。还有南方的朋友说立秋了要开始吃螃蟹，到了冬至南方就说要开始吃火锅，北方就说要吃饺子。

中秋马上就要到了，当然就是吃月饼了。我小的时候特别喜欢吃月饼，现在基本上不怎么吃了，可能就是因为小时候吃伤了。

小时候北京的月饼只有几种，最常见的一种就是大家都希望它退出月饼界的五仁月饼。你们别笑话我，我小时候最爱吃的就是五仁月饼。五仁月饼里面有各种干果、冬瓜条，我觉得特别好吃，而且那时的月饼特别瓷实，特别大。

到中秋节的时候，我妈早上起来就给我一块月饼，说"今天早餐就给你来块月饼吧"。我简直是太激动了，举着月饼往学校去。小时候我战斗力不是特别强，刚咬了两口，我那大五仁月饼就被人

中秋节吃了月饼，吃了螃蟹，别忘了再来一只鸭子。

给抢了。我姐姐就是一个女汉子，帮我去追，又帮我抢了回来！

　　我小时候的印象中，中秋还要吃鸭子，吃我父亲做的黄焖鸭。做法总体非常简单，鸭子先过水去腥，起锅炒姜片，鸭子入锅后用酱油和白糖上色。

　　之后放在蒸锅里蒸鸭子。蒸两三个小时，鸭骨头都酥烂了。

　　蒸完后取出鸭子，将盘底的汁倒入锅中，加蚝油、香油、白糖收汁，淋回到出锅的鸭子上。鸭子会有金黄色和火红色混在一起的感觉，也可以保持整鸭在里面塞一些馅料做成八宝鸭。

　　有月饼和鸭子的中秋节，和家人们在一起，便是最幸福的时候。

黄焖鸭

时间: 180min

难度: ★★★★☆

原料 INGREDIENTS

新鲜的整鸭 / 姜片 / 酱油 / 白糖 / 蚝油 / 香油 / 植物油

01

先将整只鸭子剁成大块,在热水中焯一焯去腥气。起油锅下姜片,然后将鸭肉倒入锅中煸炒。

02

将适量的酱油和白糖倒入锅中,开始为鸭肉上色。

03

变色之后关火,将鸭肉装盘放入蒸锅,蒸两个小时左右。

04

将蒸鸭肉时盘底的汤汁倒入炒锅,加入蚝油、香油、白糖开始收汁。汤汁变得浓稠之后,再将它浇到鸭肉上,大功告成。

闲看午后雪 酸辣汤

想到自己小时候，下雪那天，父母会做些什么吃的。好像那时候的大雪天气里，我家里，一定会有热的汤。

我印象中北京冬天最早的一场雪，大概是 2009 年，那年的 10 月 30 日或 31 日的晚上下过一场雪。

我为什么会记得那么清楚呢，因为那天我和孙莉还有两个好朋友，在我们家一间有地暖的小屋子里，四个人坐在那喝小酒，突然看到窗外下雪了，大家都很兴奋。

现在我那两个是一对夫妻的朋友，妻子之前罹患了癌症，已经离开快有一年了，所以那个记忆仿佛就刻在了我的心里。每到下雪的时候，就会很怀念这位故去的好朋友。

下雪了，北京变得银装素裹，早晨起来看到一场雪，特别兴奋，就发了微博。而外出的路上看到了一棵倒在地上的树，它整个被雪压断了，因为雪来得早，树叶还没来得及落，叶子接住了很多雪，变得重，许多树因为这早来的雪而折断了。

其实大自然很有逻辑和规律，它会先变冷，让一场秋风吹落树叶，之后再下雪，这样落雪会松松散散地挂在树干上而不会在树叶上，就不会压折树枝。

小的时候喝完酸辣汤，浑身热乎乎的，冲到院子里，堆一个大雪人儿，打一场雪仗。

下雪了，大家会想吃什么呢。我也会想到自己小时候，下雪那天，父母会做些什么吃的。好像通常在这样的天气里，一定会有非常热乎的食物，我家里，一定会有热的汤，特别是酸辣汤。

可能每家的酸辣汤做法不一样，我来描述下我爸爸做酸辣汤的程序。首先准备木耳、香菇、瘦肉丝、鸡蛋、豆腐、黄花菜、辣一点的白胡椒粉、陈醋，这些东西放一起有一点点类似黄老厨做的打卤面的有酸味的卤。

豆腐切丝开水焯过，香菇、木耳泡开；瘦肉切丝，用一点盐、淀粉、料酒、香油腌过。

热锅凉油炝一点姜丝，翻炒肉丝至六七成熟，放进去香菇木耳还有泡开的黄花菜，煸炒后加进开水，放进之前切好的豆腐丝，准备好一点淀粉勾水的芡汁，放盐、陈醋、大量的白胡椒粉。

我个人觉得真正的酸辣汤不放一点辣椒，就用胡椒的辣味配醋比较好，放辣椒感觉像喝了火锅汤。煮开几分钟后，勾芡进去，不要太厚，厚的芡勾出来的酸辣汤会让大家误以为是一碗炒肝，太薄了就又不像酸辣汤。

适中的芡汁勾完过后，将打好的鸡蛋沿着锅边倒进去，用滚开的火煮出蛋花儿来，千万不要用筷子去搅拌，等一朵朵的蛋花儿形成后就关火，淋上香油，就完成了。

如果作为晚餐，我建议配上一个馅饼或者烙饼，或者鸡蛋炒饭，再随手炒个青菜，冬天窝在家里，喝上一碗热乎乎的酸辣汤，感觉很暖和。

做上一碗酸辣汤，我就会想到我的爸爸妈妈。小的时候喝完酸辣汤，浑身热乎乎的，冲到院子里，堆一个大雪人儿，打一场雪仗。这是冬天最好的时候。

酸辣汤

时间：**30min**
难度：★★☆☆☆

原料 INGREDIENTS

木耳 / 香菇 / 瘦肉 / 鸡蛋 / 豆腐 / 白胡椒粉 / 陈醋 / 黄花菜 / 姜丝 / 香油 / 食盐 / 料酒 / 淀粉 / 植物油

01

瘦肉改刀切丝，用食盐、料酒、淀粉和香油腌渍十分钟左右。

02

豆腐改刀切成丝；木耳、香菇、黄花菜分别放在冷水中泡开，木耳和香菇洗净切成丝，黄花菜两头掐掉；打两个鸡蛋在碗中，用筷子搅拌均匀。

03

单起一锅，热锅凉油加入姜丝、肉丝煸炒，炒至七八成熟时再加入香菇、木耳和黄花菜。翻炒均匀后锅中加入热水，再加入切好的豆腐丝，加入盐、陈醋和大量白胡椒粉进行调味。调味之后勾芡，水芡不要勾得太厚也不要太薄。

04

最后一步开大火，把蛋液沿着锅边浇进去，不要用筷子或勺子搅拌。蛋液变成蛋花之后就关火，加香油、白胡椒粉进行调味。

恣意童年 西红柿酱

怎么冬天还有西红柿？冬天的西红柿不都应该在玻璃瓶子里，等它爆炸吗？

北京的冬天特别迷人，秋天最后的风吹过，华美的叶片落尽，只留枝干，天空也是灰暗的。

我是1976年跟随父亲一起来到北京的，之前父亲下放在江西，粉碎"四人帮"后我就和父亲、姐姐一起来到了北京。我们小时候物资比较匮乏，印象深刻的就是副食本，开始是蓝色的，后来变成黄本儿，本儿上会写诸如油、芝麻酱、花生……还有肉，都是凭票买。那时候要买油、芝麻酱等食品会去副食店，限量购买。

在物资匮乏的小时候，夏天会有许多时令菜，比如西红柿、黄瓜、各种青菜。那个时候豆角、辣椒等都不是大棚种植的，到了某个季节只有这个季节的菜。小时候，北京到了冬天就没有什么蔬菜了，仅以两种为主：大白菜和土豆。相信在长江以北的四十岁以上的朋友们都印象深刻，会有"冬季储存"这个概念。

我小时候印象深刻的一件事是：吃不到非当季的菜，比如冬天的西红柿。怎么办呢，商场里也没有西红柿酱卖，于是当时夏天就有一景——做西红柿酱。

瓶子拿回来要蒸干净，一定要塞到尽量满，不留空气在瓶里，因为有空气西红柿会发酵，那就不是西红柿酱了，是西红柿炸弹。

先找瓶子，最好能找到医院用来打点滴的玻璃瓶，上面有个橡胶塞子。在夏天西红柿最便宜的时候，几分钱搓堆儿，买回来洗干净煮一下剥了皮，剁碎，往点滴瓶里塞。

瓶子拿回来要蒸干净，一定要塞到尽量满，不留空气在瓶里，因为有空气西红柿会发酵，那就不是西红柿酱了，是"西红柿炸弹"。

塞满后上锅隔水蒸，蒸好后盖上盖儿，之后放在墙角没有太阳的地儿，就等着到冬天。但有一件非常可怕的事，就是在家里经常听到"砰"的一声，那个画面太精彩了，西红柿迸得满墙、满房顶都是——"西红柿炸弹"爆炸了。放学回到家，墙上全是西红柿酱，是小时候记忆很深刻的一件事。到了冬天，家中做西红柿蛋汤、西红柿炒鸡蛋、西红柿烧牛肉，真的是吃到高级食物的感觉。

上世纪 80 年代，我们家住在朝阳门外，附近是友谊商店。我在友谊商店超市的架子上，看到过一整个新鲜的西红柿，我当时惊呆了，回家问我爸妈说："怎么冬天里还有西红柿?"现在想起来，真是遥远而又可爱的一种记忆——怎么冬天还有西红柿，冬天的西红柿不都应该在玻璃瓶子里，等它爆炸吗?怎么会一整个在货架上?

想起过去的时光，总是挺美好的。小时候还有一道菜在我心中至今挥之不去——糖拌西红柿。买两个西红柿，洗干净切掉蒂儿，切成片儿摆在盘子里，撒上一勺绵白糖，端上桌。它有另外一个名字叫"火山下雪"，但它最好听的名字就是糖拌西红柿，酸酸甜甜，充满着童年美好的回忆。

西红柿酱

时间: 60min
难度: ★★★☆☆

原料 INGREDIENTS
新鲜的西红柿

01

将用来密封西红柿的点滴瓶和瓶塞先进行高温消毒，晾干水分。

02

把西红柿洗干净放进沸水里煮一到两分钟，出锅后放进冷水或者冰水里冰镇一下，然后剥去西红柿的皮。将剥完皮的西红柿切成小长条，塞进晾干的点滴瓶里。

03

大蒸锅里装水，隔水蒸装有西红柿的点滴瓶，这样是为了排出瓶子里的多余空气。十五分钟后，打开蒸锅的盖子迅速用瓶塞盖住瓶口。

04

西红柿酱晾凉之后放到阴凉的地方保存起来，食用时打开瓶盖后要尽快吃完。

宿舍料理达人 凉拌白菜心

我们几人坐在屋子里，互相吹着牛、叹着气，抽着便宜的小烟儿，喝着二锅头，吃着凉拌大白菜……

北京的冬天有一个景象：每年的 11 月中旬，开始供暖的时候，会有成堆成垛的像小山一样的大白菜堆在马路边上，用暗绿色或者灰色的棉盖子盖着。

每家都会做一件事：去菜市场排队。如果哪家有辆三轮车就不得了，我们家没有，我妈妈不知从哪儿找到一张床板，用绳子绑在上面，我妈、我姐和我三人就是拉那张板子的"驴"，买大白菜回家。我妈排队等，等到了，我和我姐姐就将买到的大白菜一棵棵地搬到床板上。

北京那时连二环路都没有开始修。那时没有雾霾这个词，北京是一个到了秋天就蓝天白云，而到了冬天就雾蒙蒙的城市。在城市的街头巷尾，会闻到烧煤的炉子散发出的煤烟的味道，煤烟味儿好像闻起来还有点香，带着饭味儿，带着菜味儿，带着温暖的感觉，带着家里被窝的味道。

我和我姐把盛着大白菜的床板拉回家，再把大白菜一棵棵地搬下来，在家里开始把白菜摞成堆，盖上棉盖子。

把盛着大白菜的床板拉回家，再把大白菜一棵棵地
搬下来，在家里开始把白菜摞成堆，然后再回去拉。
一堆堆摞完，盖上棉盖子。

这一个冬天都要吃这些白菜，有些家庭弄一个缸，把一些白菜积成酸菜，剩下的白菜就摆在户外。室外的温度只会冻到白菜的外面，把叶子冻成一层干干的纸样儿，外面这层菜叶子撕开后，里面就是很鲜亮的一棵大白菜。

大白菜的做法多，又好吃，大家也常说百菜不如白菜。它是维生素含量高，好吃又便宜的菜，包饺子也离不开它，日常炖个豆腐、炖粉条、凉拌、醋熘，有各种做法。

记得我 1990 年上大学时，我们学校食堂的后面，也有一堆大白菜，我们一帮坏小子就会翻墙到食堂后院儿，将白菜心挖出来，拿一盆儿，拽上十几颗白菜偷回宿舍。我大学那时候就已经是黄小厨了，和宿舍同学一起做白菜吃。

那个时候太淘气，晚上又特别饿，我们一帮人（有姜武、王劲松）就把白菜心儿挖出来，回到宿舍找一个相对干净的大脸盆儿，使劲刷干净。

接着用冷水把白菜泡进去，洗干净，用把小刀将白菜心儿一剖四瓣儿，掰开放盆里，准备醋、糖、一点蒜、生抽、盐、一点香油（这些调料当时我们宿舍里都有），还有从家里带来的辣椒酱，全部和进脸盆里拌一拌。

弄一瓶二锅头，一包花生米，再买一包火腿肠。我们几人坐在屋子里，喝着小白酒，想着哪一天能得奥斯卡，想着哪一天和自己喜欢的姑娘谈个恋爱约个会，想着自己明天的作业能不能完成，想着有一天自己能不能成为很棒的艺术家，互相吹着牛，叹着气，抽着便宜的小烟儿，喝着二锅头，吃着凉拌大白菜……

喝着二锅头，吃着白菜心，畅想着未来。

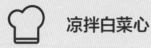

凉拌白菜心

时间: **20min**
难度: ★★☆☆☆

原料 INGREDIENTS

大白菜 / 醋 / 白糖 / 蒜泥 / 生抽 / 食盐 / 香油 / 辣椒油

01

大白菜泡在水中洗净,白菜心掰开切成四份(也可以切成丝),放在大碗中。

02

将醋、白糖、蒜泥、生抽、食盐、香油和辣椒油均匀调拌成酱料汁。

03

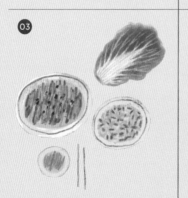

将调好的酱料汁倒入洗净的白菜心中进行调味。

酱醋茶

冬储的回忆

◉ 打煤球

『过完中秋不久，家里就忙着过冬的准备，作「冬防」。阴历十月初一屋里就要生火，煤球、硬煤、柴火都要早早打点。』没有集中供暖和中央空调的年代，冬天就靠这储存的蜂窝煤来供暖，一个小小的煤炉子不仅供暖还可以做饭，一到晚上全家人就围着小炉子吃饭聊天。

◉ 晒大葱

大葱对北方人来说，不仅仅只是做菜的辅料，也是一道下饭菜。冬季一到，成捆成捆的大葱被买回来存在楼道或者阳台上，炒菜、包饺子都离不开它。

◉ 储白菜

立冬之后，北方人每家每户都会储存大白菜，天大的事都没有买白菜重要，因为这事耽误了，冬天可就没有蔬菜吃。

◉ 灌西红柿酱

窗台上用点滴瓶装的西红柿酱，冬天吃的时候每次拿出一瓶，红红的西红柿，炒个菜做个汤，足够吃一个冬天。

Chapter2 时序滋味

自然时序给予我们丰富馈赠,
在季节流转时,食物也变换出不同形态、味道。
热爱美食的人因为有对美食的期盼,
更深切地感知着季节的更迭、时间的珍贵,
拥有美味带来的多种体验。

随味蕾所欲

美食最重要的就是千变万化，没有一定之规，可以随心所欲。

我非常喜欢吃辣椒，几乎到了无辣不欢的程度。因为母亲是嗜辣的湖南人，父亲虽然是江苏人，但他年轻的时候也非常能吃辣。在我小的时候，父亲每次吃炸酱面，都会弄一根很辣的青辣椒，跟吃黄瓜一样举在手里嚼着吃。

辣的食物会让人兴奋，觉得刺激，有食欲。我跟多妈两个人最爱的也是麻辣火锅这种辛辣的食物。我做饭也经常会做一些辣的菜。

后来有了多多，有了多多妹妹，做辣的东西少了一点，但我依然旧习难改，以至于我们的多妹现在也练着要吃辣。

表面上，辣掩盖了食物本身的味道，但是辣味也恰好提升了很多食物的原味。有些人崇尚品尝最原始的或者最本质的味道，而加一点辣可能更有助于你体验味觉、口感的变化，以及想象。

美食最重要的就是千变万化，没有一定之规，可以随心所欲。也许有人认为美食不应该是刺激的，我却觉得，美食当然就是刺激。即便你清蒸了一条最新鲜的鱼，只是放一点点蒸鱼的豉油、一点点葱姜，这道鱼本身的鲜味，对你也是刺激。

　　我们在海南试过更质朴的吃法：开水煮一下新鲜的鱿鱼、贝类，蘸点儿醋和酱油直接吃，这也是一种刺激。我在云南时，将松茸采摘洗净，直接放在火上轻轻地烤一下，或者用油轻轻地煎一下，撒一点点盐，就非常鲜美。这不是刺激吗？

　　美食常常是刺激，丰富味觉的感受，使享受美食的人充满幸福感。但是，在刺激之外，美食更重要的是一种想象，激发创造力，在想象中探索食物与生活的美妙之处。

秋天的出处 糖桂花

如果秋天你来乌镇，我们也许会在大桂花树下偶遇。

你喜欢一个地方，喜欢那里的人，喜欢那里曾经的记忆，喜欢那里发生过的故事，喜欢那里的味道，味道里一定不会少了舌尖上的味道，口腔里的味道，胃里的味道，嗅觉和味觉的味道。我喜欢乌镇，喜欢乌镇各种各样的好吃的，还有乌镇院子里的那棵大桂花树。

书生羊肉面是我在乌镇最喜欢的美食，如果去了百分之一千会去吃。有一家店在西栅老街走到昭明书院靠近河边的地方。因为乌镇旁边有湖州、苏州、杭州，水路运输时都将乌镇作为交通枢纽，所以这家面馆用的是湖州的羊，就是做文房四宝里湖笔的那种羊。

将湖羊肉炖得酥烂，放很浓的香料，放酱油和糖连皮带骨地煮。另外煮一碗面，要生一些，面出锅后会有一个自己变熟的过程，所以七分熟即可，淋上江南的香醋、新鲜的辣椒油，撒一点青蒜。

如果秋天你来乌镇，一定要尝一尝书生羊肉面。

如果秋天你来乌镇，一定要尝一尝书生羊肉面。

早晨吃完面我回到院子里，这里有一棵树龄一百二十六年的桂花树，踩在落下的桂花树叶上，有"咔嚓"的声音，想起我小时候特别喜欢踩在秋天的落叶上。每年到北京深秋时，落下的杨树叶干了，小孩子都喜欢"不走寻常路"，每一脚都踩在落叶上，听着"咔嚓"声，好像就踩在秋天上，一路踩着秋天往冬天走。

院子里很香，闻着桂花香想着怎么才能放在嘴里。摘一些桂花，用盐腌一下，放一些白糖，做成糖桂花，然后炸年糕或汤圆时加一点，变成桂花年糕或桂花汤圆。我在《十七楼的幻想》的一篇文章里写到，在横店拍戏歇工时我帮剧组那些服装、道具的阿姨和大姐们采桂花，然后带一些回家，撒一些在泡好的乌龙茶里。

我们在城里待惯了，闻到花香时总是忘记了原本花香也是有出处的。在乌镇我便也看到了许多出处，桂花香的出处，年轻的戏剧人、戏剧爱好者的出处，我也看到了他们的去往，他们走到了更高的地方，走得更远，我想这也是我做戏剧节的初衷。

如果可以，种上一两颗桂花树，闻着花香，将它们做成糖桂花吧。

糖桂花

原料 INGREDIENTS
新鲜采摘的桂花 / 食盐 / 白砂糖

01

把新鲜的桂花采摘回来之后，用水冲洗干净，然后用盐水浸泡一下。冲洗干净，挤干水分。

02

准备一个干净的密封性好的玻璃瓶子，确保瓶子无油无水。

03

在玻璃瓶子中，一层桂花一层白砂糖隔着放，等上一周左右就可以食用了。

04

有一罐色香味俱佳的糖桂花作辅料，我们就可以做出更多的美味。比如桂花年糕、桂花汤圆。

"卷"起早晨 粢饭团

上海很好吃！浓油赤酱的食物很好吃，吃来下饭，很过瘾。

上海是一个很会享受、很懂得享受的城市，美、干净、洋气，而且很好吃。这里一年四季都有美食，浓油赤酱的食物很好吃，吃来下饭，很过瘾，也有许多很精致很清淡的食物，吸收了许多杭帮菜、淮扬菜的特点。

我很喜欢木心，他写过一篇文章《上海赋》，收录在《哥伦比亚的倒影》中，有一段写到上海的食物——"事情还得一早开始。从前的上海人大半不用早餐（中午才起床），小半都在外面吃或买回去吃。平民标准国食：'大饼油条加豆浆'生化开来，未免太有'赋'体的特色，而且涉嫌诲人饕餮——粢饭、生煎包子、蟹壳黄、麻球、锅贴、擂沙圆、桂花酒酿圆子、羌饼、葱油饼、麦芽塌饼、双酿团、刺毛肉团、瓜叶青团、四色甜咸汤团、油豆腐线粉、百叶包线粉、肉嵌油面筋线粉、牛肉汤、牛百叶汤、原汁肉骨头鸡鸭血汤、大馄饨、小馄饨、油煎馄饨、麻辣冷馄饨、汤面、炒面、拌面、凉面、过桥排骨面、火肉粽、豆沙粽、赤豆粽、百果糕、条头糕、水晶糕、黄松糕、胡桃糕、粢饭糕、扁豆糕、绿豆糕、重

我永远也不会忘记那个味道，有甜味有咸味有肉味，有糯米的香味，还有那条毛巾的味道，上海早晨的味道。

阳糕、或炸或炒或汤沃的水磨年糕，还有象形的梅花、定胜、马桶、如意、腰子等糕，还有寿桃、元宝，以及老虎脚爪……"

美食随着时间会变化，会改良，这些食物许多我听都没听说过，更别说吃了，但是其中提到的粢饭团我有印象。

那是1994年，我们在上海拍电影，工作了通宵后走到外滩，在清冷的黄浦江边，有一位老奶奶推着小车在路边卖粢饭团。我们要了一个，老奶奶用很白的毛巾熟练地包着饭团，放上油条、肉松和一点榨菜末，卷起来捏好，递给我，很烫。我就站在黄浦江边，吃着热乎乎的粢饭团。

我永远也不会忘记那个味道，有甜味有咸味有肉味，有糯米的香味，还有那条毛巾的味道，上海早晨的味道。

粢饭团

原料 INGREDIENTS
糯米 / 大米 / 油条 / 榨菜 / 肉松

01

大米和糯米以 3:1 的比例, 泡在水中浸泡过夜。在电饭煲中加入适量的水把米蒸熟。

02

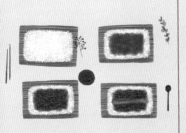

把蒸好的米饭摊在保鲜膜上, 做之前可以先把勺子蘸水然后把米饭摊开, 这样不会很黏。把之前准备好的油条、榨菜和肉松放在摊开的米饭上。

03

之后用干净的厨房毛巾隔着保鲜膜, 把摊开的米饭卷成一个卷, 最后再把饭团捏瓷实就可以吃啦。

当季的欢欣 春饼

> 我妈妈很会做春饼，小时候我卷的春饼，就像一根又大又粗的香蕉那样，我一次能吃二十张。

我在高雄，收工后人有点疲惫。高雄现在已经是夏天了，但我却好想念北京。北京的迎春花现在要开了，五叶梅要过一段时间，早晚有点凉，中午出太阳就可以穿着薄一点的衣服出去嘚瑟。

春天了，北京人非常喜欢在这个季节吃春饼。我也特别爱吃春饼，记得以前在拍摄《似水年华》时，我们在朱旭老师家吃春饼，我记得特别清楚，自己吃了二十二张！我就是从那个时候开始变成"胖小厨"的。

老北京人吃春饼的几道工序有烙饼、酱肘子、炒合菜、摊鸡蛋，最后用饼卷着鸡蛋、合菜及肘子肉。我们家吃春饼唯一的不同是不炒合菜，而是将菜分开来炒。首先炒肉末粉丝：炒锅倒油，油热后倒入肉末翻炒，肉末变颜色后加入粉丝，加适量水把粉丝和肉末焖熟，用酱油和食盐进行上色和调味，炒制时一定要把粉丝炒散，最后收汁出锅。

冬笋丝首先过水焯去涩味，新鲜的香菇洗净切丝，用油锅一起翻炒，用酱油勾一点薄薄的水芡，食盐调味，炒熟后出锅。里脊肉切成丝，拿淀粉抓一抓，放入胡椒粉、香油，加少量水，加入盐和酱油腌一下，然后放入油锅中趁高温迅速划开，炒嫩。

绿豆芽洗净去根，下油锅翻炒，不放酱油，只放少量盐调味即可。炒韭菜，热锅凉油，韭菜一下锅就关火，稍微一拌即可盛出。这些菜全部炒好后配着鸡蛋和酱肘子一起卷春饼。

春饼内容丰盛又有营养，再配上二两小酒，用来庆祝春天的来到正好。

我妈妈很会做春饼，小时候我卷的春饼，就像一个又大又粗的香蕉那样，我一次能吃二十张。原来我从小就有吃二十多张春饼的潜力。现在虽然人在高雄，但这样说着说着，我就好想回家去做春饼。这大概才是春天里的正经事。

烙饼

原料 INGREDIENTS
面粉 / 热水 / 植物油

01

烧一壶开水，水开后放置二至五分钟。面盆中加入适量的面粉，然后一点点加热水，边加热水边用筷子搅拌（千万不要下手，小心烫伤），直到盆里没有干面，稍晾一会儿揉成面团，盖上保鲜膜或湿布醒面一个多小时。中间隔 十五至二十分钟再揉揉，揉时稍撒点干面，免得粘手，揉那么两三次就可以了。

02

将醒好的面搓成长条状，用刀切成大小适中的剂子，把每个剂子按平，再用小擀面杖稍稍擀开些。将小盘子里倒上植物油，用小刷子蘸油把饼坯均匀地刷上一层油，然后将两张饼坯叠在一起就可以开始擀饼了。

03

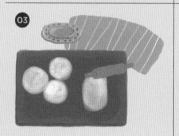

擀面饼时，面板上抹些植物油，放上饼坯子，两面轮换均匀地擀薄。

04

炉子上放置烙饼平锅，中火加热，一点油都不用加，放入擀好的大饼，盖上锅盖烙一分钟左右，开盖看到饼鼓起来了就翻面，再盖上盖子烙另一面，时间不能太长，中间鼓气就翻面烙，两三分钟就烙好一张饼。

酱肘子

原料 INGREDIENTS

猪肘子 / 食盐 / 黄酒 / 姜片 / 葱段 / 老抽 / 生抽 / 冰糖 / 胡椒粉 / 豆瓣酱 / 料酒

卤料包（干辣椒、大料、花椒、桂皮、香叶、小茴香）

01

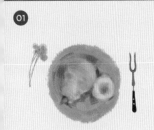

猪肘子剔骨，去净猪毛，然后从中间剖开。

02

猪肘子下冷水锅，放半碗黄酒、姜片、葱段煮开，焯水后捞出来用温水洗净浮沫。

03

水烧开后放入肘子、卤料包、老抽、生抽、食盐、料酒、豆瓣酱、冰糖、胡椒粉、剩下的半碗黄酒，先大火烧开，再小火炖两小时以上。

04

盛出肘子，趁肘子烫时用保鲜膜包成卷，稍放凉后放冰箱过夜，凉透后撕去保鲜膜切片（可以多做些，不吃春饼，平时也可以切成薄片，加部分青蒜末，用香油、生抽、辣椒油淋在上面直接食用）。

炒合菜

时间: **20min**
难度: ★★☆☆☆

原料 INGREDIENTS

黄豆芽 / 粉丝 / 韭菜 / 大葱 / 生姜 / 大蒜 / 酱油 / 老抽 / 食盐 / 植物油

01

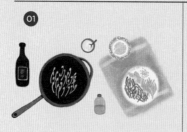

黄豆芽洗净去根, 粉丝用热水泡软, 韭菜切段, 大葱切丝, 生姜切末, 大蒜切片。锅里放油, 葱、姜、蒜入锅中爆香, 放入黄豆芽翻炒片刻, 加酱油、老抽、食盐, 翻炒均匀。

02

添加适量水, 大火烧开, 炖三至五分钟。

03

加入泡好的粉丝翻炒均匀, 再用中小火炖五分钟。

04

出锅前加入韭菜进行翻炒, 即可关火出锅, 盛入盘中。

摊鸡蛋

时间：10min
难度：★★☆☆☆

原料 INGREDIENTS
鸡蛋 / 小葱 / 温水 / 食盐 / 植物油

01

小葱切成末装入碗中，然后打入四个鸡蛋。

02

加入适量的温水，再放少许食盐进行调味，然后顺着一个方向打散鸡蛋。

03

热锅冷油，等油热后倒入蛋液，摊半分钟左右，出锅。

鲜香破土而出 油焖春笋

春天是吃笋的季节，分享两种最好吃的笋的做法和做笋时最重要的两个要诀。

到了春天和冬天两季的时候，就有笋子了，冬笋做腌笃鲜，而春笋的吃法，我觉得有两种最好吃，一种是用盐水直接煮，一种是在南方非常有代表性的油焖春笋。

做笋的过程中有两个非常重要的部分，一是要买到好的笋，二是去掉笋的涩。首先我们要准备春笋、油、料酒、白糖、老抽，把笋剥完后洗干净，用刀背拍松，然后改刀切成长块，之后烧开水焯一下笋，焯完捞出来沥干备用。

油要多点，将笋放进油里煸炒，待到笋微微发黄，上了一层焦色，这时放料酒，放多些白糖，用老抽、生抽、一点点盐调味，之后加进点儿水，等水开了转小火焖，五分钟左右转大火收汁，待汁收得差不多，关火撒一点葱花，翻过后出锅，就成了。

选笋则要先观察笋壳。如果笋壳是嫩黄色的就是比较好的，因为它还没有完全在土里长熟，这样的笋肉比较嫩，根部偏鹅黄色或者发白，从中段到尖上是棕黄色，比较有光泽。笋壳外部发暗的话就不要买了，有可能切开里面已经是黑的了。

再就是看笋的节儿。节儿和节儿之间应比较密，离得越近，里面的笋肉越嫩，因为没有完全长开，如果节儿分得比较开，就成竹子了。如果笋的根部有划坏的也不要买，会比较老。

　　最后就是笋的大小，笋的形状。一般底部大上面小，笋肉会比较多，味道会甜而脆，但春笋千万别买太大的，整个笋的长度有一掌长较合适，约莫有三十几厘米。

　　切笋的时候觉得好下刀的时候就切下，不好下刀的话底下就很老了，不能要。笋的根部如果有些像小珠子一样的凸起，南方唤作"白毛笋"，味道会好，如果凸出的小珠珠变黑了，笋就是老笋了，快要坏了。还有一个不主张的方法，就是用手指掐下底部，能掐出印儿就是嫩的笋。

　　记住这些挑选笋的方法，春天，来一支笋吧！

油焖春笋

时间: 30min
难度: ★★★☆☆

原料 INGREDIENTS
春笋 / 葱 / 料酒 / 白糖 / 老抽 / 生抽 / 食盐 / 植物油

01

把笋剥壳洗净，用刀背拍松，然后切成长段。将水烧开后，放入笋段焯一下，捞出沥干备用。

02

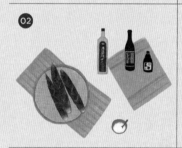

炒锅放入较多的油煸炒春笋，炒至金黄色甚至稍有焦色，放入料酒、白糖（多放）、老抽、生抽和食盐，进行调味和上色。

03

加水，水开后关到小火开始焖，约五分钟后再调至大火收汁。

04

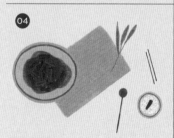

取葱绿切成葱花，待汁收至较浓时关火，撒入葱花，拌锅翻勺即可。

酱 醋 茶

如何去春笋的涩味

◎ 淘米水浸泡

将整个笋放入淘米水中，放入一个去籽的红辣椒，用温水煮好后熄火，自然冷却后，再拿出来冲洗。

◎ 淡盐水煮

切笋时纵向切成两半，去掉根部粗糙部分，切成薄片，在淡盐水中煮十分钟左右。

◎ 热水煮冷水泡

将春笋放入热水中煮两至三分钟捞出，冷水浸泡十分钟，可以去涩味，然后沥水备用。

春情荡漾 炒韭菜

春天，吃第一茬的韭菜，希望大家春意盎然，春情荡漾。

中国人讲究在不同的节气、时令吃不同食物。春分是说春天已经过了一半，虽然北方树叶还没有泛青，但这两日离开北京时看到柳树已经有了嫩芽，迎春花也开了，杨树的毛毛虫长出来了。

从惊蛰到春分，是一段让人觉得奇妙的日子。惊蛰之后，冬日里沉睡着的草木生灵惊醒过来，从南方到北方，春天是"迅雷不及掩耳盗铃之势"。

所以，那些在春天里早早复苏的植物也就到了被吃掉的时候了，比如，普通却能滋阴壮阳的韭菜。俗话说"正月的葱、二月的韭菜"，现在吃到的可是头茬的韭菜，苏东坡诗说："渐觉东风料峭寒，青蒿黄韭试春盘。"韭菜可以改善血液循环，中医也说韭菜是"起阳草"。

小时候我爸爸常给我们做韭菜炒豆芽。豆芽是绿豆芽，如果有时间把豆芽的头尾都去掉，就更精彩了，叫"掐银丝"。

韭菜切成和豆芽长短接近的段儿，热锅凉油，放几粒花椒爆香后，将韭菜和豆芽同时倒入锅中，火一定要大，用高的油温迅速

韭菜很容易熟，几种韭菜搭配炒制的菜都非常简单，
迅速颠炒几下就可以出锅了。

颠炒，淋上一点点盐、醋和糖，如果油足够热，甚至可以关火，因为韭菜和豆芽都非常容易熟。这道菜，清爽又有营养，吃完特别有精气神。

另外一道菜，是韭菜炒墨鱼。墨鱼洗净后用开水烫一下，热锅凉油，墨鱼和韭菜下锅后迅速颠炒，就可以起锅了，配一点温热的老黄酒。

还有一道菜，是我在菜场买菜的时候学会的，韭菜炒豌豆。将泰椒先下锅爆香，下豌豆后放韭菜，放盐，关火，起锅，一样简单。

除此以外，就是韭菜猪肉、韭菜鸡蛋、韭菜鲅鱼……各种韭菜馅的饺子，韭菜盒子。据说在南方还有一种壮阳奇菜：将瓦片放在火上烤热之后，把春韭放在瓦上轻轻炙烤一下，撒上一点点盐，带着青苔的味道，这是古代的烤韭菜，对身体特别好。

春天，吃第一茬的韭菜，希望大家春意盎然，春情荡漾。

炒韭菜

时间: **15min**

难度: ★☆☆☆☆

原料 INGREDIENTS

韭菜 / 绿豆芽 / 食盐 / 白糖 / 醋 / 花椒 / 植物油

01

把韭菜和绿豆芽洗净,摘干净,切相同长短。

02

热锅凉油,稍微放几个花椒爆香一下。把韭菜和绿豆芽同时倒入锅里,火要大,油要热。

03

迅速颠炒,加适量食盐、白糖和醋,关火出锅。

蔬菜也肥美 素烧茄子

我非常擅长烧茄子，这是我一直保留的一个拿手菜。

夜深人静，我依然是独自一人。手边有一个纸杯子，这是今年父亲节多多送给我的礼物，当时我们在新西兰。这是一个非常特别的礼物，纸杯的底下写着"我爱你，爸爸。多多"。

陪伴多多的这个假期快要结束，我又要离开家去工作了。走之前，我打算再做一次我非常擅长的素烧茄子。这是我一直保留的一个拿手菜，做法非常简单。茄子洗干净切块，茄子皮一定要留着，我特别不喜欢刨了皮的茄子。茄子有点小毒，切了之后在水里泡一泡，会泡出一点淡黄色的水，将水沥干后晾着，用盐腌一下。用油将茄子煎得油油的、糯糯的，在油煎的同时，调一碗汁，老抽、生抽、盐、切好的大蒜、淀粉、水、白胡椒粉、白糖，调开。此时开大火，将这碗汁淋上，让茄子外面挂上这层酱汁，等蒜香飘出来后就盛出茄子，同时需要一碗大米饭……哎，这也就是我为什么会胖的缘故，不知道多多会不会嫌弃这个有点胖的爸爸。

多多，爸爸也爱你。

素烧茄子

时间: 30min
难度: ★★★☆☆

原料 INGREDIENTS

茄子 / 老抽 / 生抽 / 食盐 / 大蒜 / 淀粉 / 白糖 / 白胡椒粉 / 植物油

01		茄子买回来洗干净切块,放在水里泡一泡,茄子有点小毒,会泡出浅黄色的水。泡完之后把水倒掉,把茄子晾干。
02		用多一点的油来炸茄子,把茄子煎得油油的、糯糯的。
03	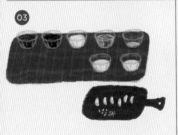	在煎茄子的时候,用老抽、生抽、食盐、切好的大蒜、淀粉、水、白胡椒粉、白糖调一碗汁。
04		倒入调好的料汁,用铲子不断地搅拌茄子,确保每一块茄子都可以均匀地吸收到料汁。一是为了入味,同时也是为了给茄子上色。把茄子稍微焖一下之后,闻到蒜香味就可以把茄子盛出来啦。

冷热两相宜 卤萝卜

这是一道很清淡的菜，可以在家中宴客时，冷着先端上作为凉菜。

在拍摄电视剧《深夜食堂》时，会有大厨帮着准备戏中出现的菜品，在现场做食物的时候大家会互相交流，大厨教了我一道非常有意思的菜，卤萝卜。这是很清淡的一道菜，而且冷着吃热着吃都好。

食材非常简单。准备大白萝卜，挑萝卜须子又直又尖的，这种萝卜会比较甜，个头不需要大，大了的萝卜容易糠。此外，准备胡萝卜、土豆、干香菇、老抽、生抽、白糖，还有一样非常重要的东西——台湾叫料理米酒。大白萝卜削皮之后直刀切成三段儿，每段像一次性纸杯那么大，用开水烫一下去除萝卜味。土豆、胡萝卜可以切得小一些，香菇泡发后洗净剪去腿儿。起锅后放入清水、米酒、老抽、生抽、白糖，接着放进食材开大火煮，煮十五分钟左右后关火，放着冷卤二十四小时。取出后可以冷食，也可以再加热吃。

好吃的东西并不一定复杂，就像这道卤萝卜，制作方便，却能给我们带来简单生活的美好感受。

卤萝卜

时间: 30min
难度: ★★☆☆☆

原料 INGREDIENTS
大白萝卜 / 胡萝卜 / 土豆 / 干香菇 / 老抽 / 生抽 / 白糖 / 台湾料理米酒

01

大白萝卜削皮切成大段（一根萝卜切成三段即可），装入大碗中用开水浸泡，除去萝卜味；土豆、胡萝卜削皮切成小块，香菇泡发后洗净，剪掉伞柄。

02

煮锅中放入清水、台湾料理米酒、老抽、生抽、白糖，进行调味。接着放入准备好的食材，开大火煮，水开之后煮十到十五分钟，关火，冷卤二十四小时。

03

卤二十四小时后，可作冷菜吃也可加热食用，味道甚佳。

简单高于一切 西红柿炒蛋

<u>这道菜非常有名，几乎人人都吃过，即便是最不会做饭的人也做得出这道菜。</u>

拍摄电视剧《深夜食堂》是在高雄海边的码头，一个叫作"驳二艺术特区"的地方，有点像北京的798，安静舒服。我每天在这里当"老板"，开深夜食堂，迎来送往。我很喜欢这个地方，很喜欢这部戏。

来高雄一周，一直在拍摄，因为扮演《深夜食堂》中的老板，那个厨师，所以每天都在厨房和菜品待在一起，因此也非常怀念在家做饭的日子。

有一道家常菜，它非常有名，几乎人人都吃过，即便是最不会做饭的人也做得出这道菜，那就是闻名江湖的——西红柿炒蛋，南方叫番茄炒蛋。这道菜非常简单，几乎人人都说会做，我记得在录《爸爸去哪儿》时，孙莉这个几乎从不下厨房的人都能炒一盘西红柿炒蛋。但是越是普通的菜越难将它做好。

分享一些我炒这个菜的窍门和经验。如果四个鸡蛋的话要两个西红柿。鸡蛋磕入碗中后我会放一点点温水，通常一个鸡蛋放一小汤匙水，鸡蛋成形的过程，分两次炒，热锅冷油倒入一半蛋

西红柿炒蛋，几乎人人都吃过，即便是最不会做饭的人也做得出这道菜，但是越是普通的菜越难将它做好。

液，快速成一点点形后就迅速倒回到剩下的一半鸡蛋液中，这样就有了一份半生半熟、半凝固状的鸡蛋液。

起锅再倒一点油，重新炒一次，不用太快炒碎，鸡蛋块儿比较好，盛出备用。

起锅入油下西红柿，我反对放葱花儿，单独炒蛋可以放葱花儿，但是炒西红柿的时候不适合。将西红柿逼出汁以后倒入鸡蛋，可以让西红柿汁进入到鸡蛋里，稍微晚点再放盐。

此外，我还有重要的三样东西要放，一勺白糖，一点白胡椒，一点香油，起锅。这是我的秘诀，可以试试看，有特别的鲜香。再弄一碗白饭，西红柿炒蛋盖饭，非常完美。

希望可以早一点回家做饭。

西红柿炒蛋

时间：20min
难度：★★☆☆☆

原料 INGREDIENTS

鸡蛋 / 西红柿 / 食盐 / 香油 / 白胡椒粉 / 白糖 / 植物油

01

鸡蛋打入碗中，加入温水搅拌均匀。西红柿洗净去蒂，切成滚刀块大小。

02

热锅冷油，先倒一半的蛋液在锅中，小火翻炒，然后将炒过的鸡蛋装入盛有蛋液的碗中。再起一锅，同样热锅冷油，再次把蛋液倒入锅中翻炒，这样可以避免鸡蛋外面已经熟了里面却还是蛋液。

03

单起一锅，油热后倒入西红柿，小火慢慢逼出汁来，加入炒好的鸡蛋，小火让西红柿的汁渗透进炒蛋中，快要出锅时加入食盐进行调味。

04
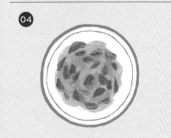
最后放一勺白糖、一点白胡椒、几滴香油，提香又提鲜。

Sauce · Vinegar · Tea

◉ 放盐 VS 放糖
....

放糖，通常会被默认为少数派，大家纷纷对放糖派投来『诧异』的眼神。

放糖派在各大社交平台上努力反击，认为放糖可以提鲜，可以中和西红柿的酸味，可以遮盖西红柿的涩味。

放盐，虽然是大众口味，但是什么时候放盐并不是每个人都知道。炒制的过程中如果盐放太早，西红柿会大量析出果汁，菜的汤汁会多，但西红柿会烂成泥状；放得晚一些，不仅能帮助出汁，还能确保西红柿的形状更好看，最主要的是盐的用量也会比前者少一点。

其实放糖还是放盐，没有对错，你开心就好。

◉ 大蒜葱花 VS 白胡椒香油
....

大家充分发挥自己的想象力和创造力，还有用葱花蒜蓉炝锅的，殊不知葱花在锅中的时间太长，不仅不会提味反而会发出臭味。

还有一派在放盐的基础上，用白胡椒和香油提鲜提香，比如黄小厨。

酱醋茶

西红柿炒鸡蛋的江湖流派

◎ 加水 VS 不加水

第一步炒蛋的做法就有争议，到底是加水还是不加水。

不加水的一派通常觉得只有饭店才会这么做，舍不得放鸡蛋多加一些水，这样两个鸡蛋就能做出三个鸡蛋的量。

加水的一派觉得加不加水跟舍不舍得用蛋没关系，加水是为了让炒出来的鸡蛋口感更嫩。而且很多时候我们买回来的鸡蛋，随着在冰箱储存的时间变长，水分也会减少，所以可以根据蛋液的多少适量加入温水，不是冷水也不是热水，前者会让口感变老，后者会把蛋液烫熟。

Chapter3 安于日常

平凡日常的记忆，最关一餐一饭。

平淡生活的温暖处，

也许就是与家人、孩子在一起分享美食，

分享品味美食的愉快心情。

无论走多远，

最终也只是为了回家，

回到餐桌前。

在家吃饭

两个人在家里吃饭的感觉，又干净又健康，此外最重要的
就是这里面有感情、情感、性感、感性……

以前我写过一篇小杂文《下厨的男人最性感》，后来我看到一
篇文章《下厨的男人智商高》，总之就是下厨的男人各种好，我怀
疑这些文章应该都是女人写的吧，都为了让男人下厨房去。

不过我真的觉得下厨房的男人是很性感的。我不是说自己，我
不是属于很性感的，身材没有那么好，尤其人到中年之后，微微
有些发福。（虽然年轻的时候还可以，在三十五岁以前是挺清瘦
的。）有了多多以后，就开始中年发福，但是我一定会减，会减下去
的。

其实和女朋友或者妻子在一起，只要是和你喜爱的女人在一
起，两个人最多的一种分享可能就是美食吧。

我之前看过一本书《春膳》。作者是南美的一个女作家叫阿言
德，这本书讲的就是食物和情欲之间的关系。书里最吸引人的，
是她写到一个男人在厨房里为你做饭的时候，你看着他系着围裙，
看着他微微翘起来的屁股，你会想吃完饭就跟他上床。

我想，你跟妻子或者女朋友在一起，两个人可以一起分享的，

除了性以外的感受，最多的就是美食。而且对美食的感受可以不断地变化，不断地去分享。

我和孙莉两个人更多的时候还是在家里吃饭。有的时候可能就是一锅白饭，炒一个很简单的菜，蒸一道鱼或者是肉。

两个人在家里吃饭的感觉，又干净又健康，此外最重要的就是这里面有感情、情感、性感、感性……

在家吃饭会觉得人和人贴得很近，我们对家庭的记忆就是一顿又一顿的饭，是和父母在一起的记忆，是对孩子的陪伴、伴侣之间的陪伴。我和孙莉之间最深的感受除了对彼此的爱，可能就是在一起享受食物的美好了。

亲子厨房 布鲁姆面包 & 香蕉蛋糕

多多需要爸爸将食材配比好，多多来揉啊揉啊，然后爸爸把它们放进烤箱里，定好温度和时间，一起等它好。

我非常喜欢和我的多多人儿一起做面包，多多说："非常喜欢做面包、蛋糕，只是不知道要放多少东西、烤多久。"多多需要我将食材配比好，她来揉啊揉啊，然后我把它们放进烤箱里，定好温度和时间，我们一起等它好。

多多最喜欢我做的可颂和巧克力球球，可颂比较复杂，要用裹油法做起酥，耗费的时间最少也要八到十二小时。我平时在家要提前裹油，多多以为她放学回来时爸爸才刚开始做，其实那个时候我已经裹了好几层了。

有一款面包很适合与小朋友一起制作，因为过程中需要揉啊揉啊，如同亲子游戏又能锻炼身体，这就是布鲁姆面包。它是做面包的基础，如果你会做布鲁姆，就会做所有的面包。

布鲁姆可以做裸麦的、全麦的，也可以做白面包。我觉得全麦的比较好吃也很健康，放点核桃和梅子干也是不错的。

我做的时候似乎没有按照克重的比例来，全是按照自己的直觉，两份高筋粉一份全麦粉，要准备一点盐、干的酵母。

布鲁姆面包取出来晾凉后切成片蘸橄榄油，作早餐，配点果醋，非常完美。

面粉中挖一个小洞放进酵母粉，盐放在外面，盐不能和酵母放在一起，它会把酵母杀死。记住要用冷水或温水一点点将面粉和开，和的过程中淋进一点点橄榄油，然后开始揉面，用力地揉，使劲地摔打拉抻它。

高筋粉遇到盐就会起很厉害的面筋，这时候一定要下功夫，和小朋友一起"锻炼身体"。揉到面团已经很筋道的时候将它放进玻璃碗里盖上保鲜膜，放在温度比较高的房间。

如果家里有地热可以放在地上，或者将烤箱预热到100℃后关掉散一会儿热，将面团放进去，让酵母快速地发酵。我通常会放在有地热的地板上或者阳光下面。等到面团发酵起来膨膨胀胀，可以闻到酵母的香气就差不多了。

发酵的同时你要准备核桃，在烤箱里150℃左右烤一下，晾凉之后和葡萄干、蔓越莓干一起揉进发酵的面团里，裹进去后定形成一个你要烤的形状放进烤盘里，撒点干面粉等它第二次发酵，这次大约需要半小时。这时在面团的四个角放上四个可乐易拉罐或者小碗，搭上一张保鲜膜，这样面团就不会干掉。

等它发酵起来后在它的背上用小刀划上三道，撒一些干面粉，放进烤箱，如果是不带蒸汽的烤箱就放一碗冷水在下面。这碗水非常重要，可以让烤出来的面包有很脆的壳。

我通常会设定在180℃~200℃烤四十分钟，如果烤箱温度不均匀会让面有些焦，可以用铝箔纸把它轻轻盖住，到最后加高温度快速将面包壳上的颜色烤深。布鲁姆面包取出来晾凉后，切成片蘸橄榄油，配点果醋，作早餐非常完美。

多多作为"黄小小厨"，最擅长的是做香蕉蛋糕。以下是她的料理方法："banana cake 非常简单，只要在网上买到所需材料，不用按照步骤，只要把它们全部丢进去一直搅拌，就可以做好酱料。做好了，将酱放进蛋糕的模子里，放进烤箱，烤好了取出来放进杯杯里就可以了！这是最简单的，就是把所有的东西放在一起搅拌好。"

香蕉蛋糕需要的材料有面粉、鸡蛋、香蕉、苏打、糖、黄油、盐。我一般用四个鸡蛋，两三根香蕉，用杵子捣碎香蕉，将鸡蛋打进去再加入面粉、酵母、糖、盐、一点黄油。如果放苏打粉就不用酵母了，要很小心地将苏打粉过一下筛，否则会不小心有大块的苏打留在里面，吃到会特别苦。

将准备好的面糊倒入刷了橄榄油的模子或者杯子里，放进烤箱，如果是杯子就烤短些时间，如果是大的模具就久一点，180℃烤上二十到二十五分钟，记得观察它的颜色。很快，香蕉蛋糕成了！

厨房的游戏结束了，可是你和孩子一起分享了相互协助制作美食的过程，是一种温馨而富有成就感的体验。

香蕉蛋糕

时间: 40min

难度: ★★☆☆☆

原料 INGREDIENTS

香蕉 / 面粉 / 鸡蛋 / 苏打 / 白砂糖 / 黄油 / 食盐

01

面粉过筛, 加入苏打粉、黄油、白砂糖进行搅拌。搅拌均匀后加入食盐, 继续搅拌。

02

将香蕉去皮放到容器里, 用工具把香蕉捣碎, 将黄油与蛋液的混合物、香蕉泥倒入面粉中, 进行充分搅拌。

03

将搅拌好的混合物倒入模具。

04

放入烤箱中, 180℃下烘烤二十五分钟即可。

酱醋茶

香蕉蛋糕烘焙小贴士

◎ 贴士一

烤箱一定要记得预热哦，至少十分钟。

◎ 贴士二

每个烤箱的大小和温度不一样，所以烘烤的时间也会因烤箱而异。烘烤的过程中看香蕉蛋糕做没做好，可以等烤箱停止工作后把牙签插进去测试一下，如果牙签拿出来没有粘附面糊就说明已经烤好了。没好，再继续烘烤几分钟。

◎ 贴士三

如果家中有手持电动搅拌器可以节省准备面糊的时间，如果没有，手动搅拌一定要充分。

父爱专属 卤肉饭

做父亲母亲的给儿女最好的礼物，就是那些做给孩子的
一餐又一餐的饭。

每次想到我会写东西给两个女儿，就觉得也许有一天我们做
父亲母亲的给儿女最好的礼物，就是我们今天说过的话，留下来
的影像，当然还有给小孩留下来的一餐又一餐的饭。

有一天多多问我："爸爸为什么你做的三明治就是比阿姨做的好
吃，你们用的是一样的东西，为什么你做的比较好吃？"我想这里
边 90% 是多多对我的感情，还有 10% 的确是我做的好吃。

我就是很喜欢做饭，就是知道饭应该怎么做，我知道那些做
饭的规律。我喜欢给多多做一道她最喜欢的，而且非常非常简单
的卤肉饭。

也许对她来说，爸爸的味道，就是卤肉饭的味道。

卤肉饭

时间：60min
难度：★★★☆☆

原料 INGREDIENTS

五花肉 / 鸡蛋 / 八角 / 桂皮 / 香叶 / 草果 / 姜片 / 黑芝麻 / 大米饭 / 台湾油葱 / 生抽 / 老抽 / 白糖 / 植物油

01

把一整块五花肉先过一下水，把肉的血气杀掉。之后把肉切成很小的肉丁。

02

起锅放油，把肉放在锅里煎，把肉本身的油炸出来一些。然后单独起一锅，放些油，放些姜片，再放些香料（八角、桂皮、香叶、草果）煸炒一下。炒出香味之后，把香料捞出来，避免影响口感。

03

把肉末放进刚才的油锅，再放生抽、老抽、白糖，再加入适量的清水，先大火烧开，然后转小火煮上四十五分钟。同时也在另外一个锅里装水煮几个鸡蛋，煮熟的鸡蛋去壳划几刀，放进肉锅里一起煮。

04

如果有现成的台湾油葱就直接浇在卤肉上，如果没有可以将刚才煎肉丁剩下的油加热，放洋葱碎进去，自制一碟葱油。用小碗装一碗米饭，按瓷实之后倒扣在盘子里，撒上一些黑芝麻。最后把卤肉和卤蛋浇在旁边，就完美了。

深夜即兴 葱油面

我是做葱油面的行家里手，我做的葱油面无人能敌。

我在很多地方都会做一种特别简单的饭，是上海一道有名的小吃——葱油面。我是做葱油面的行家里手，我做的葱油面无人能敌，我也在很多节目里做这道面给大家吃，大家都会感叹"天哪，真的会有这么好吃的葱油面"。这样说，听起来是在吹牛。

葱油面很容易做，需要准备的东西也简单，葱、油和面。一大把小葱、植物油或者更香一些的猪板油，面条尽量不要选择太细的。

煮面的时候水的分量尽量多一点，俗话说是"宽汤"，这样面下在水里之后，水温不会变化太大。煮面的水开了之后加入少许盐后再下面条，这样可以让煮过的面变得更有弹力一点。也可以再放几滴油，这样面条不容易黏在一起。

煮面的时候一定不要把它煮熟了，面条入水之后，盖一次盖子，快溢出来的时候再打开盖子，把火关小。面条不用去尝，捞出来手指头一掐，里面还有一点点白线就可以了。

准备油葱。油不要放太多，火候也非常重要，火要非常小以保

深夜即兴的发挥，是深受大人和小朋友们喜爱的
消夜美食。

持非常低的温度。把葱花放在油里，慢慢去煎，或者准确地讲是用非常低的温度去浸泡它们，这样炸出来的葱叫作油葱。等闻到葱的香味，油有一点点沸腾，而葱一点也没有变黄的时候，就把油葱盛出来。

再重新起一锅放多一点的油，油的多少要根据面条的数量来定，将切成寸段长的葱放入油锅慢慢地煎，再撒一点点盐，葱的香味越来越浓，煎四五分钟左右，等葱段变成金黄色后盛出来，锅内留葱油，关火。

煮好的面条盛出后，将老抽、生抽、白糖、胡椒粉调匀味道后加进葱油里拌面，把提前泡发的海米和干贝炒成碎、炸好的花生捣碎成花生碎和油葱一起拌进面里，就可以端上桌了。

我常常在一堆朋友聚会的时候做这道面，大家喝了酒聊天或打扑克牌，通常到了夜里会饿，这时候一碗香气四溢的葱油面会深受小朋友和大人们的喜爱。

葱油面

时间: 20min
难度: ★★☆☆☆

原料 INGREDIENTS

面条 / 菜籽油 / 小葱 / 生抽 / 老抽 / 白糖 / 白胡椒粉 / 食盐 / 干贝 / 花生米 / 海米 / 植物油

01

起油锅,把切好的葱花放在油里慢慢去煎。等闻到葱的香味,即成油葱,盛出来。再重新起锅放油,把之前切的葱段放到油锅里面,再撒一点点食盐,煎至葱段变成金黄色,然后把炸过的干葱盛出来,把火关掉,在锅内的葱油里放老抽、生抽、白胡椒粉、白糖调味。

02

提前泡发一些干贝和海米,然后用油炒成干贝碎和海米碎备用。再把花生米炸熟、弄碎,去皮备用。

03

准备一锅水,水烧开之后开始煮面。面煮好后盛出来,把水分沥干,然后把面倒进装有调过味道的葱油的锅里把面拌开。

04

面拌开之后就把面装进一个漂亮的大盘子里,把花生碎、干贝碎、海米碎,还有油葱、干葱一起浇在面上,大功告成。

浮生半日闲 炖鸡汤

没有拍戏没有演话剧也没有什么工作，就在家晃来晃去
的也挺来劲，有一种莫名其妙的自由感。

生活真有意思，每天在外面拍戏，演话剧，上台鞠躬，下台
谢幕，突然回到家里，下水道堵了，忙着喊工人来修理。逛菜场
买了一些菜准备炖个鸡汤。吃点小零食，陪妹妹玩耍，在屋里走
来走去……一个在家中闲逛的中年男人。

有时候想想，没有什么资讯没有什么信息，也没有什么菜谱，
没有拍戏没有演话剧也没有什么工作，就在家晃来晃去的也挺来
劲，有一种莫名其妙的自由感。

不上班的日子真好，这是我三个月以来第一次真正在家里待
着的一天，上午我们去参加了多多学校里的活动，我也挺开心的，
因为来的家长都是妈妈，只有我一个爸爸，她们都说我是"爸爸
代表"。

我觉得这个感觉真是久违了，以前我都是"爸爸代表"，这两
年来忙得"爸爸代表"也做不了了。

这是好久以来，难得的一个休息日，所以我在家炖个鸡汤。
因为好久没有做饭了，真的挺想念我的厨房的。

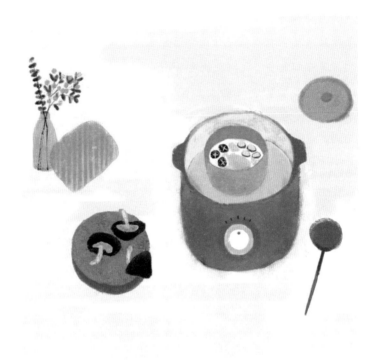

难得的一个休息日，所以我在家炖个鸡汤。

鸡汤炖上了，一只土鸡。太久没有在家待着了，减减肥，多吃点蔬菜，放点木耳和香菇在鸡汤里吧。

现在四点半，太阳就快要下山了（根本就看不到山），天气很好，我们家测PM2.5的机器显示才6，但是因为刮风也非常冷，这是一个没有雾霾的日子。

此刻，姐姐多多在一旁收拾东西，明天我们一家人要去三亚度假了。多多充满期待和兴奋，而我则期待着鸡汤出锅。准备好外出的行李之后，全家坐下来一起享受这顿难得假日里的晚饭。

美好的日常，美好的自在。

炖鸡汤

时间: **180min**
难度: ★★★☆☆

原料 INGREDIENTS

鸡 / 香菇 / 生姜 / 酒 / 矿泉水

01

鸡洗净后剁块,放在一个大碗里;香菇洗净后放在冷水里泡发;生姜切片,都放在一旁备用。

02

在盛放鸡肉的大碗里放入两片姜和泡发后的香菇,倒入少量酒、两瓶矿泉水,放入蒸锅。

03

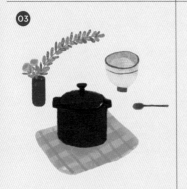

先大火,有蒸汽后转小火蒸上三个小时即可。

丰裕好驱寒 白菜炖豆腐

一桌菜，有白菜炖豆腐配烙饼、酱肉、蒸蛋，你坐在屋子里，守着家人小孩，守着暖气，看着电视剧，多来劲啊！

老话说"百菜不如白菜"，白菜是一个非常好吃的东西，我在冬天特别喜欢做白菜炖豆腐，当然和白菜炖豆腐搭配的主食就是烙饼。

做法非常简单。首先买回来豆腐，如果是卤水点的老豆腐最好。买回来之后将豆腐切成块儿，用开水先焯一下去掉豆腥味，但是记住捞出来一定要放在热水里泡着，不能把它晾在那儿，因为那样豆腐乱七八糟会黏在一起，那就麻烦了，等于白切了。大白菜洗净去掉帮子，以菜叶子和菜心为主。

起一锅汤，最好是鸡汤（当然这个要求有点过分），如果没有，教你一个简单的方法：家里如果有海米和干贝，或者干虾，用水稍微泡发一下后用油煸，煸出香味再加入开水，就会变成有点鲜味的高汤。我主张做饭的时候尽量少用鸡精和味精，使用平常食材提炼出的鲜味更正，更健康，也更好吃。这时候将白菜和豆腐下进汤里，大火煮开后小火慢炖，炖到水变少之后加入盐，非常美味的白菜炖豆腐就好了。

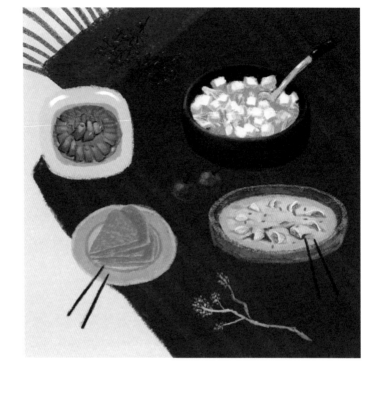

简单的搭配，丰裕的内容，成为一桌热气腾腾的
晚餐。

此外另有一种做法，不用水做高汤，而是用油煸炒水发过的海米和干贝，之后将洗干净的白菜用手撕开，放在油锅里炒，将白菜逼一点汤汁出来后就关小火，把豆腐放进去，靠白菜和豆腐自身的水分来炖，汤汁会比较少，起锅前加盐、白胡椒粉，淋上一点香油。

如果要配成一套菜的话，建议白菜炖豆腐配烙饼，再做一道蒸蛋，搭配酱肉，组成一顿完美的晚餐。

蒸蛋可以是普通的鸡蛋羹，如果想更有意思一点，就去水产市场买一点白蛤蜊，放在冷水里滴上几滴香油，让蛤蜊静静待上几个小时，吐一吐沙子，然后拿出来洗干净，这时候蛤蜊都是闭着嘴的，之后加一段葱、一些姜，用水焯一下，蛤蜊口子就张开了一点点，捞出来。

一家三口吃饭，打三个鸡蛋差不多，焯蛤蜊的葱姜水晾凉了加一点到打散的鸡蛋里，比例是两份蛋一份水，蛋液稀释后蒸蛋会比较嫩。倒一点香油，放进煮好的蛤蜊，鸡蛋液过筛倒进碗里，放入锅中盖上盖子，或者用烤箱的铝箔纸做一个临时的盖子盖在碗上，水开后蒸十到十二分钟，端出来淋点香油和生抽，齐活。

也可以按照这个办法，做干贝蒸鸡蛋、海米蒸蛋、小银鱼蒸鸡蛋，也可以肉末蒸蛋、豆豉蒸蛋……

一桌菜，有白菜炖豆腐配烙饼、酱肉、蒸蛋，冬天你坐在屋子里，守着家人小孩，守着暖气，看着电视剧，多来劲啊！

白菜炖豆腐

时间: **30min**

难度: ★★★☆☆

原料 INGREDIENTS

豆腐 / 白菜 / 食盐 / 海米（干贝、干虾）/ 白胡椒粉 / 香油 / 姜片 / 食用油

01

卤水豆腐切块，焯水去豆腥味。豆腐焯水之后一定要放在热水中泡着，避免黏在一起。大白菜洗净撕成段，尽量不用刀切。

02

同时准备烙饼和蒸蛋，作为白菜炖豆腐的搭配主食。

03

海米（干贝、干虾）用热水泡发，然后单起一锅倒入食用油加入姜片进行煸炒，等炒出香味后加入热水制成高汤。将高汤倒入炒锅，加入豆腐和白菜进行慢炖，加入食盐，放点白胡椒粉，淋点香油进行调味。

爱意佐餐 月子汤水

新妈妈喝掉鱼汤后，三条鱼怎么办呢？爸爸吃掉它们。当年我也吃，所以我就这样变胖了。

每个新爸爸都可以试着为新妈妈准备合适的"月子餐"，不但有营养，还能表达对对方的情感。

月子餐有很多种，我比较有经验是因为有两个女儿，孙莉在坐月子的时候都是我帮她做一些月子里的美食。

这些美食最重要的一点是，不要太油腻，味道不要太重。有些人喜欢吃辣，可在哺乳阶段要稍微忍忍，尽量吃些少油、少盐，清淡些的汤汤水水。新妈妈需要哺乳，水分要多些。

我自己做月子餐，首推的是大家非常熟悉的鱼汤，鱼汤最有代表性，它很下奶。准爸爸和爸爸们，如果你们的太太怀孕了或者刚刚生过小孩，就一定要学会做鱼汤。

鱼汤中首推鲫鱼汤。鱼一定要买新鲜的，不需要太大，一份汤建议买三条鱼，处理好拿回来清洗之后，稍微晾干或者用厨房纸尽量沾掉些水分。

热锅凉油，等油很热，把鱼放进去煎，不要碰它，转中火，煎到轻晃油锅鱼可以离开锅底时，再翻面煎。如果技术不是很熟练的

这些美食最重要的一点是，不要太油腻，味道不要
太重。

话，一条一条地煎，尽量煎透，这是核心，如此，鱼汤煮出来才会是奶白色的。

煎好鱼捞出来，单起一锅倒入开水，倒入鱼，放一点点姜，千万别放葱。放米酒，台湾米酒或广东米酒，这两样超市和菜场都有卖。

烧开之后转小火，慢慢熬，就会得到一锅浓郁的汤汁。当收汁到只有一碗汤的量的时候，可以关火，再根据产妇的口味放一点点盐提鲜。

等到孙莉生妹妹的时候，我又发展出了蒸汤的月子餐菜式，蒸汤的水平简直已臻化境了（吹个牛）。

我喜欢用原盅，原盅可以在网上买，就是带盖子的小碗，盖子不能嵌在碗里，而是比碗大，因为这样不会让蒸汽流进碗里。

小盅蒸出来，现蒸现喝很新鲜。一天的早晨，你可以在蒸锅里放上三种不同的汤，除了鲫鱼汤，中饭、晚饭可以喝得不一样。

最普通的一种是鸡汤，可以买走地鸡，按照原盅的承装量分成小份，一只鸡可以分成十几份，单独装袋放进冰箱保存，每次食用前用冷水浸泡，解冻，中间换水，去除血腥气。鸡肉放进原盅后放一片姜，切一小块猪瘦肉搭配。

不建议放特别复杂的材料，新妈妈应该吃得简单些，买些矿泉水或者蒸馏水好于直接用自来水。

同样的道理，如果冰箱够大，就同时买几只猪蹄，也分成小份，放入另外一个盅里，提前泡点黄豆，同时还可以再放一个小盅，加入你提前买好的鸽子肉或者是排骨加清水，放一点点米酒。

这就同时有三盅，上屉，开大火，等沸了后再蒸十分钟转小火，蒸两三个小时后，到中午选一种喝，另外两份留到下午和晚上。

新妈妈可能会觉得天天喝有些烦，你可以多换些花样蒸。如果你刚做爸爸，赶紧进厨房给太太做碗汤，如果即将成为爸爸，记得把这个菜谱留存起来。

新妈妈们很辛苦，新爸爸们要苦练自己的手艺，服侍忙碌于哺乳的妻子，减轻她的疲惫。表达爱意的最好方式，就是系上围裙下厨房，为新妈妈烧饭炖汤补营养。

鲫鱼汤

时间：60min
难度：★★★☆☆

原料 INGREDIENTS

鲫鱼 / 米酒 / 生姜 / 葱花 / 食盐 / 植物油

01

三两左右的活鲫鱼(两到三条),买回来之后用水清洗,晾干,或用厨房纸巾吸干。

02

热锅凉油,油不要多,是煎鱼而不是炸鱼,鱼放进油锅就不要碰它,避免鱼肉碎掉.等油热了之后,火关小一点,晃动炒锅,鱼不粘锅就可以翻面。建议单条煎,要尽量煎透,这样汤才会是奶白色。

03

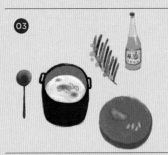

鱼煎好之后盛出。单起一锅,倒入开水,把鱼放进去,水一定要没过鱼,放一点姜,千万不要放葱,放米酒(不是料酒),烧开后转小火。转小火后,不要碰鱼和锅,慢慢熬,熬成奶白色。

04

三条鱼熬出一碗汤的时候关火,放一点点食盐提鲜,放一点点葱花。如果觉得味道不够,可以放一点点醋。鱼汤和鱼分开盛出来。

酱醋茶

煲汤和炖汤的区别

○ 煲

将食材与清水放进砂锅直接加热，这是最简单也最常见的方法。煲汤虽然简单，但这种直接加热的方式，易让汤汁的颜色较混浊，食材也会因为长时间熬煮，多半烂掉而影响口感。

○ 炖

这一种，是隔水加热。把食材与清水放进小的原盅里，然后置于一个大锅里进行加热。隔水炖法可使原料和汤汁的受热稳定，炖出来的汤汁清澈如水。炖好的食材虽至熟烂，但形状却依旧很完整，口感也不会太柴，吃时是连料带汤一起食用。

Chapter4 烹煮的奥秘

精进厨房技艺的奥秘,

在于对生活保持探索的热情。

那些世代传承的烹煮秘诀,

因为下厨房的热情而"昔日重现",

并在亲身实践中生发新的灵感。

珍惜相对时

曾经有段时间我提议，吃饭的时候大家交手机，好好吃饭，谁都不许看。

拍了将近一百天的《小别离》再有两天就要杀青了，这是一部非常有趣的、关于孩子教育的连续剧。我是这部戏的男主角，同时也是监制、制作人。在这部戏里，我和海清还有朱媛媛、陈数、汪俊等很多的朋友一起工作了三个多月，很愉快，希望和大家分享现在喜悦的心情。

黄小厨公众号中有许多和大家的心情分享，这些分享很像当年的《黄磊时间》，当然我们也有许多关于美食、关于生活方式的内容，其实我还特别期待能有一些有趣的产品、有趣的东西和大家分享。也期待和大家除了通过手机之外，有更多更实际、更真切的接触。

说到手机，人们现在都离不开手机。有一个场景，相信大家都不陌生：吃饭的时候，一桌子的人，拍那个菜，然后都发"朋友圈"，吃着吃着就不停地看手机。

我们在宁波演《暗恋桃花源》，全场的一千五百多名观众，看了一晚上的戏，又哭又笑，最后当我们谢幕的时候，我们看到的是一部又一部的手机，大概有上千部手机正在拍照。

大家是喜欢我们才用手机来拍，但是我觉得我只是一个艺术的工匠，这个工匠在演出之后，最希望听到的就是鼓掌，掌声对于我来说是最珍贵的赞许和认同。

我在"朋友圈"里说："演出结束，谢幕时看到的全是手机，突然感叹，在一个小时代，每一桩事情都要联上 IP、互联网＋、资本对接、新三板（斧）、融资……包括为演员鼓掌的双手也被手机拍照占据。其实，我们只是工匠，在你因为我们哭笑之后，我们很想念掌声……"

曾经有段时间我提议，吃饭的时候大家交手机，好好吃饭，谁都不许看。无论好朋友还是家人在一起，少看手机，多交流多聊天也挺好的。所以，对电子产品的依赖也是我们现代人不太好的一种"病"。

有时晚上和我太太躺在床上，睡觉前的最后一分钟是在看手机，早晨睁眼第一件事情也是看手机，眼睛都快要看坏了。如果可以的话，找个时间把手机放一放，不一定要把手机一直放在身边。

希望大家用手机的时间少一点，可以进厨房动手做饼干、做面包，专心地做每件事，那可能也是一种更充实、更有趣的生活方式吧。

一个人的宴席 鸡汤拌面

虽然你是单身，但是约上几个朋友来家里，做饭一起吃，也许你会脱单也说不定。

有很多单身的朋友，想搞家庭聚会，下班回家约上朋友吃顿饭，做些拿手的菜，都有哪些做法简便但又营养丰富的菜品呢？

如果想煲鸡汤就显得有点难，因为需要时间。但是有种锅叫焖烧锅，头天晚上下班回家后，把一只鸡处理好了，放在冷水里泡着，第二天早上起来，将这只鸡拿开水稍微烫一下，放进焖烧锅里，加入烧好的纯净水或蒸馏水，放几块生姜，盖好盖子，就去上班。

等下班回来，满屋子都是这鸡汤的味儿，也挺来劲的。再放点香菇，更高级的可以放几片松茸在里面，虽然看起来是花了很多时间，但其实是很简便也非常有面儿的一餐。

另外一种办法，就是如果你可以下班早点回到家中，三四点钟的样子，可以买一只嫩一点的童子鸡剁成块儿，撒上盐、花椒粉，腌半个小时之后，放进一个大碗里，上蒸锅开大火，上了汽之后换小火，蒸到开饭之前，在蒸鸡的同时准备点小凉菜，拍个黄瓜拉个皮儿，炸个花生米，下楼买点冰啤酒之类。

虽然看起来是花了很多时间，但其实是很简便也很
有面儿的一餐。

如果你约了喜欢的人，还可以去洗个澡吹个头发抹点香香，等大家来齐了，就把这道蒸鸡端出来。

吃完后可以嘚瑟一下，煮一点面条或者米粉，煮至七成熟后放进鸡汤里，撒点香葱淋点辣椒油和香油，再端上桌，就是一碗鸡汤拌面或鸡汤米粉。

可以再配一个你做的素菜，推荐一道易做而好吃的土豆丝，叫作剁辣椒烂糊土豆丝。

首先土豆切丝，通常我们会切得很细泡进冷水里去掉淀粉，会很脆，这种炒土豆我建议不要切得很细，而且切好了就下锅，不用使劲翻炒，让油裹上去，有点像炸小薯条的感觉。

这时候准备好剁辣椒、大蒜还有蒜苗，炸到土豆丝有些糯的时候，把这些材料拌进锅里，盛出来端上。这是很辣很咸很香的一道菜，在我家里非常受欢迎，样子也很漂亮，会获得大家一片掌声。

呼朋引伴，邀请朋友们来家里分享你亲自烹制的食物，心中会有满满的成就感，听到朋友夸赞你厨艺精进也是很快乐的。而且如果经常邀约朋友们一起聚会，也许你会脱单也说不定。

如果朋友们忙碌，不能赴约，也可以为自己做一顿，不要因为一个人生活就敷衍地对待一日三餐，好好吃饭总是一件特别重要的事情。吃好了，才会有愉悦的心情和充沛的能量，好好过生活。

如果朋友们不能赴约，一个人也要好好吃饭。

蒸鸡块和鸡汤拌面

时间: 60min
难度: ★★☆☆☆

原料 INGREDIENTS

童子鸡 / 食 盐 / 花椒粉 / 面条（米粉）/ 香葱 / 辣椒油 / 香油

01

童子鸡剁块，撒上盐腌制半个小时。如果你喜欢吃麻的味道，可以加入花椒粉进行腌制。

02

蒸锅加水开大火，把腌好的鸡块放进一个大碗里上锅蒸，上汽之后关小火慢慢蒸.鸡快蒸好的时候，单起一锅，烧水煮一点面条.面条七成熟就可以捞起来装进碗里。

03

等鸡块蒸好之后，把蒸碗里的汤汁浇在面条上，然后再撒一点香葱，淋辣椒油或者香油，一碗鸡汤拌面就做好了。

剁辣椒烂糊土豆丝

时间: **15min**

难度: ★★★★★

原料 INGREDIENTS

土豆 / 大蒜 / 蒜苗 / 剁辣椒 / 植物油

01

土豆切丝,不要泡水去淀粉,起锅倒入植物油后直接下锅炸,尽量不要太频繁地翻动土豆丝,但要确保土豆丝都裹上油。

02

准备好大蒜、蒜苗和剁辣椒,等到土豆丝炸得有点糯的时候,加入这些配料进行翻炒。

03

等土豆丝入味后,就可以起锅装盘。

幸福吃得到 海南鸡饭

幸福也是可以吃到的，而且吃到了好吃的食物，也是一种幸福。

海南有四种很有名的食材：文昌鸡、加积鸭、和乐蟹、东山羊。

东山羊是带皮红烧；加积鸭做烧鸭或者酱鸭都很好吃，通常红烧或者辣炒；和乐蟹就是姜葱炒或者蒸一下，有很多蟹膏；文昌鸡很肥，讲究煮完之后鸡皮是脆的，肉非常嫩，骨头里带一点血，蘸姜、蒜捣碎的蓉做的蘸料，配白米饭，把煮鸡的汁拌在米饭里。

在海南，很偏僻的小村子里的小饭馆，都可以做出很正宗的文昌鸡。

在家里也可以试着自己做海南鸡饭，首先准备一只鸡，最好是土鸡，米饭的话先用水将大米泡上半个小时。

一定要有的调料：大葱、小葱、姜、辣椒、料酒、香油、盐，还有香叶，提香去腥，准备些搭配的绿菜，比如青菜或黄瓜。

一锅放了大葱、姜、料酒的清水烧开之后，将洗好的鸡放进去，大火煮开后，用小火煮十五到二十分钟。

很重要的是煮完之后不要揭盖，焖个几分钟再捞出来，立即放入冰水中，这样鸡肉收紧，皮就是脆脆的，在鸡身上抹一点香

年轻时，并不太懂美食的真谛。

油，颜色黄黄嫩嫩很好看，切块备用。

将之前剔出的黄色鸡油在锅中煸出油来，将渣滓扔掉，放入大蒜和香叶，把泡好的米放进去继续炒，加盐，加一点点鸡汤焖熟做成饭后，待吃的时候盛出来扣入盘中。

剁好的鸡肉摆好，另用一个碗盛香油、生抽、蒜末、小葱末、辣椒等拌在一起作为蘸料用，也可以用蒜蓉、葱花、酱油再调一碗汁，这个时候焯点青菜或切点黄瓜片摆一摆，海南鸡饭就成了。

曾经在《十七楼的幻想》里写过："我吃到了幸福海南鸡饭，除了幸福我什么都吃到了。"现在想想那时不太懂美食的真谛，应该是，幸福也是可以吃到的，而且吃到了好吃的食物，也是一种幸福。

海南鸡饭

时间：60min

难度：★★★☆☆

~~~~~~

原料 INGREDIENTS

文昌鸡 / 大米 / 黄瓜 / 大葱 / 姜 / 小葱 / 大蒜 / 辣椒 / 香叶 / 料酒 / 香油 / 食盐 / 生抽

01

将鸡处理干净，鸡油留出备用。大葱切段，姜切片，大蒜切成蒜末。将大米在水中泡半个小时后控水备用。

02

锅中加入清水，放入葱段、姜片和料酒，开大火将水烧开后把鸡放入，盖上锅盖。开锅后小火煮上十五到二十分钟，关火后再焖十分钟。

03

将煮好的鸡捞出，立即放入冰水中。凉透后捞出沥水，在鸡身外面涂抹一层香油，这样整只鸡看上去更加润泽，然后把鸡剁成小块与黄瓜片一起装盘，配上用香油、蒜末、小葱末、辣椒、生抽调成的蘸料食用。

04

在锅中放入鸡油，小火煸出油后将油渣捞出，放入大蒜和香叶炒香。将泡好的大米放入锅中翻炒后，放盐，加一点鸡汤，焖熟即可出锅。

香辛料魔法 咖喱土豆牛肉

咖喱有很多种，可是我印象中最好吃的还是上海的咖喱，因为小时候爸爸会做上海味道的咖喱土豆牛肉。

咖喱非常有趣，因为世界上本没有咖喱这样东西，它是用多种食材调出来的一味调料。小时候还不知道泰国菜、印度菜的时候，我们认为咖喱＝上海。那时，上海的咖喱牛肉粉丝汤，是我对咖喱最初的印象。

咖喱其实是用姜黄、辣椒、胡椒、孜然粉、小茴香、白胡椒、花椒、蒜、芥末等很多香辛料调出来的。以前我尝试过手工烧咖喱，将生姜、大蒜打成蓉，比例应该是两份姜蓉加一份蒜蓉，熬出来后加一些蟹黄粉、椰奶成为自制咖喱酱，再放点柠檬汁、九层塔之类，做泰式风味的咖喱。

准备些西葫芦、土豆、洋葱，切成块，加一点点西兰花和一点蘑菇，用咖喱酱烧。如果喜欢肉，切一些鸡腿肉加进去也不错，变成泰式咖喱鸡。

长大后发现日本也吃咖喱，用切成小块儿的土豆丁和牛肉烧汁，做咖喱饭。可是我印象中最好吃的还是上海的咖喱，因为小时候爸爸会做上海味道的咖喱，就是现在可以去超市买到的油咖喱，

世界上本没有咖喱这样东西，它是许多香辛料在一
起组合出的魔法味道。

味道非常香。

　　小时候吃得最多的一道就是咖喱土豆牛肉。买牛蹄筋和牛腩回来后按照正常的工序，冷水泡，开水焯掉血腥味，之后用高压锅单独压一下牛蹄筋，上汽后压十分钟关火，下汽后捞出来，汤记得要留着。

　　牛蹄筋切成寸段儿，和牛腩还有汤一起转入炖的锅中，开大火撇掉沫子，十五到二十分钟后关小火，放两块姜，小火慢炖，将油咖喱放入锅中和肉一起煨。这时去准备土豆，切成小方块儿，等牛蹄筋、牛腩小火煨半小时后将土豆放进去，等土豆的淀粉熬出来化掉融进汁里，汤汁变得黏稠。我个人喜欢放一些整根的小泰椒，加一两根切成块儿的胡萝卜也可以。

　　等这一锅煨好后，将焖好的米饭用碗盛出来后反扣入盘中，浇上一勺咖喱牛蹄筋牛腩土豆，就是上海最有名的咖喱盖浇饭。这是我小时候最爱吃的，咖喱很下饭，有点甜有点辣，牛腩炖得很酥很烂，牛蹄筋有一点点弹，汤汁里都是土豆淀粉。

　　这是一道简单的菜，而且一次可以烧很多，分成几份放进冰箱，解冻加热后配点米饭就是一顿了。

咖喱土豆牛肉

时间: 80min
难度: ★★★☆☆

原料 INGREDIENTS
牛腩 / 牛蹄筋 / 土豆 / 胡萝卜 / 油咖喱 / 生姜 / 黑芝麻

01

把买回来的牛蹄筋和牛腩用清水洗净，然后在冷水中泡出血水，多换几次清水。锅中加清水煮沸，把牛蹄筋和牛腩倒入沸水中焯一下，去除血腥味。高压锅中加入水，将牛蹄筋放入高压锅中压十分钟，之后将牛蹄筋捞出切成滚刀块大小。

02

将切好的牛蹄筋、牛腩和高压锅里的汤一起倒进一个大的炖锅里，开大火煮十五到二十分钟，煮的过程中把锅里的白沫子撇清。之后转小火，放入两片姜，再加入适量的油咖喱。

03

小火慢炖二十分钟后，再加入土豆块和胡萝卜块，继续炖三十分钟左右。

04

装一碗米饭倒扣在盘子上，撒一些黑芝麻在米饭上，再浇上一勺煮好的咖喱土豆牛肉。

外婆的惦念 梅菜扣肉

我太想把大家都骗到厨房里，让大家享受厨房和美食带
来的快乐。

食物总会勾连起回忆，我会做的许多菜，都是和爸爸妈妈学
会的。就像有一道梅菜扣肉，是我们家的大众菜。

小时候我外婆会做梅干菜，从我妈妈的老家湖南株洲寄来北
京。现在经常有些江浙的朋友也会寄来一些梅干菜。

先将梅干菜泡软，洗干净切碎备用。如果人不多，准备两斤
五花肉，清水煮一下，晾干后在肉皮上抹些蜂蜜，起油锅，肉皮朝
下，小火慢慢煎，将肉皮炸出泡，然后用生抽、老抽、盐、胡椒
粉，炒汁子去上颜色。

煎好后逆着肉的纹路将肉切成半厘米厚的片，切好不要散开，
整块保持肉皮朝下放在碗里，在上面撒上梅干菜，上笼屉蒸一个
小时左右，之后把盘子放在上面，将它从碗里倒扣出来。

梅菜扣肉是非常下饭的一道菜，一定要配上一碗大米饭才算
是完美的。这是只有亲自料理之后才能享受到的滋味。

梅菜扣肉

时间: **90min**
难度: ★★★☆☆

原料 INGREDIENTS

五花肉 / 梅干菜 / 生抽 / 老抽 / 食盐 / 胡椒粉 / 蜂蜜 / 植物油

01

梅干菜用温水泡一泡,洗干净切碎备用。整块五花肉先用清水煮一下,去一去血腥味。焯过水之后,捞出来放凉,然后用厨房纸巾把水吸干,在五花肉的皮上抹一层蜂蜜。

02

起油锅,把五花肉保持肉皮朝下放在油锅里慢慢地煎。等肉皮彻底炸起泡之后,用酱油汁(生抽、老抽、盐和胡椒粉调的汁)给它上色。

03

根据肉的纹理把它切成薄片,不要太薄(半厘米左右),这样吃起来比较酥。

04

把片完的五花肉放在碗里,肉皮朝下肉朝上,然后把之前准备的梅干菜放在肉上面。装碗之后放在蒸笼里蒸一个小时左右,可以根据自己喜欢的口感调整时间。蒸好之后,用一个盘子扣在碗上,180度翻转之后将碗里的梅菜扣肉倒扣在盘子上。

肥瘦相间的美 红烧五花肉

你得买到一块特别棒的、五花三层肥瘦相间的、漂亮的、肥而不腻的五花肉。

分享我最擅长的红烧肉。首先，你得买到一块特别棒的、五花三层肥瘦相间的、漂亮的、肥而不腻的五花肉。

如何切很重要，印象中我小时候食堂里的红烧肉都切得很小，虽然入味儿，但更像是卤肉饭里的卤肉。我自己切五花肉，会切到三厘米甚至更大点的一个正方块。

准备好葱、姜。有些人会先用热水焯一下肉，我是不焯的，直接用一点点油煸一下，让肉稍微干干地盛出来备用。

准备冰糖，锅里放油，将冰糖炒成深色，把五花肉放进去，裹上糖色。我不喜欢放八角、大料，我会放葱、姜、一整瓶黄酒、一两片香叶、一点点生抽、一点老抽，还有盐，黄酒要没过肉，如果黄酒不够就加一点啤酒，用小火来炖。炖的同时准备点墨鱼仔或者鱿鱼块儿都可以，用水焯一下，放进红烧肉里。再准备一些白煮的鸡蛋，划上些花刀口，放进肉中一起炖大概四十分钟到一个小时，然后开大火收汤汁，就成了。

红烧五花肉，是多多人儿最喜欢的一道配米饭的菜。

肉多好下饭，我就是这样胖起来的。

红烧五花肉

时间: 60min
难度: ★★★☆☆

原料 INGREDIENTS

五花肉 / 鱿鱼 / 鸡蛋 / 植物油 / 葱 / 姜 / 冰糖 / 香叶 / 黄酒 / 老抽 / 生抽 / 食盐

01 	把五花肉洗净后切成约三厘米见方的肉块,放在一旁沥干;葱切段,生姜切片。
02 	在锅里倒入少量油,放入五花肉,煸出一部分油脂,盛出备用。
03 	再向锅里倒入适量油,加入冰糖,炒至冰糖融化为深褐色,放入五花肉。向锅里倒入足量的黄酒、少量的老抽、生抽、食盐、香叶、葱段和姜片,汤汁要没过五花肉,大火烧开后转小火慢炖。
04 	把鱿鱼洗净后切块,在水里焯一下后放入锅中;白煮鸡蛋划口后也放入锅中,炖上四十到六十分钟后,收汁出锅。

酱醋茶

猪肉如何去腥味

◎ 预热去腥法

这种方法比较适合大块的生猪肉，比如排骨、整块的五花肉、筒子骨等。

在锅里装满冷水，锅最好要大一点，这样可以保证有充足的水量。将用水冲洗后的猪肉放进锅中，开小火煮。焯水的过程中要注意控制水的温度，尽量不要沸腾，慢慢就会发现锅中漂着一层白色的泡沫杂质，水的颜色也开始泛红。这个时候水是温的，肉还是生的，关火将水倒掉。之后再用温水而不是冷水进行冲洗，这样才可以更彻底地将猪肉腥气去掉。

◎ 调味去腥法

这种方法比较适合碎肉末。

通过使用生姜、生抽和料酒调和入味进行腌制的方法，目的在于利用调味品的味道来逼出生猪肉中的血腥味。如果时间充足，可以腌制二十分钟左右。烹饪之前，将碗中多余的水分倒掉。

铜锅好食器 大鹅烧小饼

炖鹅的时候，用烫面来和面，烙成小饼，一切四份，连鹅带汤一起泡，就完成了。

做烧鹅，首先你得有一只大鹅，我的那只是朋友送的。把鹅全部剁成块儿，热锅冷油，把提前准备好的花椒、八角、姜片提前煸炒下，然后将鹅块儿放入锅中煸炒熟。鹅是很肥的，炒的过程中可以把它的油煸出去一些，再者煸炒的香料可以去鹅肉腥味。

鹅肉煸炒熟了之后盛出来备用，另外单起一油锅，再放些姜片、香料，再一次把鹅肉放进去，烹进一点料酒、酱油、白糖、胡椒粉，如果家里没有小孩儿，可以提前煸一点干辣椒油，加入两罐啤酒还有开水，烧开之后撇掉一些浮沫，开成小火，慢炖四十分钟到一个小时，此时再放进去一些青笋、土豆、胡萝卜等辅料。如果喜欢吃辣，还可以提前煸炒一点豆瓣酱，炒出红油，用红油烧大鹅更精彩，不过如果家里有小孩，就不建议这样做。炖鹅的时候，用烫面来和面，烙成小饼，一切四份，连鹅带汤一起泡，就完成了。

当然很重要的是，我有一口铜锅。这口铜锅是我从腾冲背回来的，铜锅导热很快，据说可以补充一点微量元素，用铜锅烧出来的大鹅配上小饼，金光灿灿很漂亮。

大鹅烧小饼

时间：90min
难度：★★★☆☆

原料 INGREDIENTS

鹅肉 / 生姜 / 八角 / 花椒 / 香叶 / 料酒 / 酱油 / 白糖 / 胡椒粉 / 啤酒 / 植物油

01

把鹅洗净后剁块，生姜切片，放在一旁备用。

02

冷锅倒入适量的油，放入姜片、八角、花椒、香叶，炒出香味。将鹅块放入锅中进行煸炒，去腥同时煸出一部分肥油，盛出后备用。

03

另起一锅，倒入适量油，放入姜片、八角、鹅块、料酒、酱油、白糖、胡椒粉、啤酒，烧开后撇掉浮沫，转小火慢炖四十至六十分钟。想吃素菜，在慢炖过程中可以放入土豆、胡萝卜等辅料；想吃辣，煸炒一份豆瓣加干辣椒酱，作为调料。

04

炖鹅的同时，可以开始和面做饼。饼做好后切块放进铜锅中，一份大鹅泡饼就好了。

世代与馈赠 红烧带鱼

带鱼虽然很便宜，却有我们小时候的回忆在里面。

生于 20 世纪 70 年代的人，会对"炸带鱼"很有感情。小的时候物质不是特别丰富，需要"凭票购物"或者"凭副食本购物"，印象中，那个年代只有过年过节才会去买带鱼，带鱼基本都是冰冻，家里也没有冰箱，所以都是冬天才买得到带鱼。

现在虽然有很多吃新鲜的鱼类、海鲜的机会，但我们家比较特殊，因为多多自从看了《海底总动员》之后，就对这些小鱼小虾有了特殊的感情，她现在不吃鱼不吃虾，不吃任何海鲜，所以我们家做鱼做得不多。但是孙莉是个大连人，对鱼还是很有感情的。而我呢，生于 70 年代初的、在北京长大的人，最喜欢吃带鱼，带鱼没刺而且下饭，带鱼汤配米饭太香了。

分享两个带鱼做法，一个是黄家黄小厨的爸爸烧带鱼的方法，还有一个是我自己重新学的。黄老厨的做法是，带鱼切段儿洗干净把鳞去掉后，用厨房纸吸干一些后下锅去炸。炸鱼最重要的是不要翻它，一面一面炸透。

炸好之后，单独起一锅底油，把葱、姜、八角、干辣椒、一

多多自从看了《海底总动员》之后，就对这些小鱼小虾有了特殊的感情，她现在不吃鱼不吃虾，不吃任何海鲜。

点点花椒在锅里煸炒后，带鱼入锅，颠一下勺，加入开水。我通常老抽、生抽都会放，放一点盐、一点白胡椒粉，开大火烧开后，转小火烧十五到二十分钟后，开大火收干汁，将蒜稍微拍一下，放进锅中烧出蒜味就可以出锅了，淋一点香油。这就是黄老厨的红烧带鱼。

黄小厨烧的带鱼，是类似葱烧海参的葱烧带鱼。前面步骤都一样，最后的过程中要放一点点醋，准备五六根大葱，切成葱段儿，单起一小锅油，把葱煸炒出葱香后，整锅倒进带鱼里，让葱和带鱼一起烧个两三分钟，不要烧久。一整锅的葱烧带鱼，葱和带鱼拌的米饭，我觉得特别香。

到了周末，不妨来试试葱烧带鱼，带鱼虽然很便宜，却有我们小时候的回忆在里面。

红烧带鱼

时间: **60min**

难度: ★★★☆☆

原料 INGREDIENTS

带鱼 / 食用油 / 大葱段 / 姜 片 / 八角 / 干辣椒 / 花椒 / 老抽 / 生抽 / 食盐 / 白胡椒粉 / 大蒜

01

带鱼买回来洗干净切成段，用厨房纸巾吸干水分。

02

炒锅倒入食用油，油热之后将带鱼下锅煎，煎的过程中尽量不要频繁地翻动，带鱼两面呈金黄色之后起锅装盘备用。

03

再起一锅倒入食用油，放入大葱段、姜片、八角、干辣椒和花椒，接着倒入煎好的带鱼，等带鱼均匀地裹上香味之后，加入开水、老抽、生抽，再放一点点食盐和白胡椒粉。开大火烧开，烧开之后转小火焖十五分钟左右。

04

起锅之前，把拍好的大蒜倒入锅中烧二到三分钟，蒜味出来之后就可以起锅了。

与肉言欢 糖醋小排

虽然现在大家吃猪肉少，但是聚会的餐桌上肉食还是很受欢迎，而且我坦白，自己最擅长做的依然是猪肉美食。

小时候在江西，话剧团的院子里杀猪，猪被打了气儿，想想也挺神奇的。记得我妈妈他们一堆人在洗大肠，整个院子里都冒着热气儿，那就叫杀猪割年肉。

虽然现在大家吃猪肉少，但是聚会的餐桌上肉食还是很受欢迎，而且我坦白，黄小厨最擅长的依然是猪肉美食，红烧肉、卤肉饭、梅菜扣肉、狮子头……都是猪肉。黄小厨有一道独门秘籍糖醋小排，是聚会餐桌上的必备。

准备排骨、料酒、盐、酱油、米醋、白糖和姜。买排骨，筋头巴脑那种是最棒的，千万别是那种特别整齐的肋排，不来劲，有点软骨有点肥肉的筋头巴脑那种特别适合做糖醋小排。

我不喜欢裹淀粉，就喜欢直接炸纯肉——明明想吃肉还给裹了层面干什么？

排骨洗干净晾干，热锅凉油，下姜片爆香后，中火煸炒排骨，排骨微微发黄变脆后肉变酥了，不会那么软。

准备放调料的顺序记住"一二三四"：一勺料酒，两勺酱油

糖醋小排，我觉得冷的比热的更好吃，可以先上桌，作为一个冷菜。

（生抽），三勺米醋（镇江米醋，不是山西老陈醋），四勺白糖。

　　锅里放油，放进调料后翻炒，倒进排骨上了色之后就倒入开水，没过排骨，开锅后转小火，慢炖二十分钟，如果想排骨稍微烂一点，半个小时也可以。

　　之后加点盐调味，开大火不断翻炒收汁，快要收干时，重新淋上一两勺米醋，淋上一点炒白芝麻和白糖的糖霜，漂亮地上桌。

　　糖醋小排，我觉得冷的比热的更好吃，可以先上桌，作为一个冷菜。就从这道菜开始，开启一年中最温暖最令人向往的一次团聚吧。

糖醋小排

时间: 60min

难度: ★★★☆☆

原料 INGREDIENTS

猪小排 / 食盐 / 冰糖 / 米醋 / 葱 / 姜片 / 八角 / 白糖 / 植物油 / 生抽

01 排骨用清水反复清洗干净,可以提前泡入冷水中把血水逼出来,多换几次水后捞出沥干水分。

02 锅中加入足量的油,加入姜片爆香后放入排骨,关小火把排骨炸变色后取出备用。

03 再起一锅,热锅冷油,等油热了之后按顺序把糖醋汁倒入炒锅(一勺料酒、两勺生抽、三勺米醋、四勺白糖),搅拌均匀后倒入之前炸过的排骨进行上色。排骨上色之后,向锅中加入热开水没过排骨,水开之后小火慢炖二十到三十分钟。

04 加食盐进行调味,最后再开大火收汁,汁快收干的时候再重新淋上两勺米醋。等糖醋排骨恢复室温后,用芝麻和糖霜进行装饰。

Chapter5 解忧厨房

你疲惫、忧虑、烦闷，甚至找不到意义和方向。

此刻，走进厨房，系上围裙，

锅里的水开始沸腾，而你的心情也随之升腾。

食物无法帮你真正解决烦恼，

而你内心深处其实一直都知道，

你只是需要这一餐饭的放空。

我想我是海

小时候会经常感慨，觉得时间好快，每到年末就慨叹岁数大了，可是如今已经忙到没有时间感慨，不知不觉间一年已经过完了。

年末我在三亚的海边，多多和小朋友们在玩闹，远处有海风的声音。

小时候会经常感慨，觉得时间好快，每到年末就慨叹岁数大了，可是如今已经忙到没有时间感慨，不知不觉间一年已经过完了。

我已经很久没有休假了，一整年来一家人第一次真正一起出来休息，之前一起去新西兰，因为要拍家庭的纪录片，所以还是有点忙。这一次是真正的度假，整个人放松下来，很自在。我总在想，怎么会搞得这么忙，拍戏，录节目……种种工作，好像没有留下什么空隙，这一年就不知不觉度过了。

三亚的天气非常好，看到天气预报北京是重度雾霾，大家说我真会躲，躲开了雾霾。其实现在任何时间离开北京，都可以躲开雾霾，因为北京任何时间都有雾霾。我真的动了心，想要离开北京。多多出生在 2006 年，我印象中那个时候北京还没有那么重的雾霾。而我们小时候，只知道有雾，再后来天气不好，也只是有被污染的煤烟味儿。

那天饭后一起玩词语的接龙游戏，我说了"错误"，多多就说"雾霾"，我很惊讶，她为什么会接"雾霾"呢，我们小时候都不认识"霾"这个字。但现在霾已经是一种常态了，一种和刮风、下雨、下雪一样的气候特征，天晴、天阴、雾霾……它成为天气的一种类型，是可怕的事。

过两天就要回去和大家一起"陪吸"。人们有黑色幽默，有自嘲的玩笑精神，但更应该严肃来思考和呼吁如何治理霾。我们也有过让天空突然间变蓝的时候，听说除了汽车限行，还有对工厂开工的一系列调整。这为什么不能成为一种常态的治理手段？这涉及所有人的生活，涉及我们的孩子们每一天要呼吸到的空气。

北京的朋友很羡慕我们在三亚，但是北京我们也得回去，家在那里，学校在那里，工作、日常生活都在北京，黄小厨也在北京，好矛盾的心情。

此刻面对深蓝色的海，整个人也蓝蓝的，我带了几本书，带了一个写字的笔记本，带了两本东野圭吾的小说，转过年要继续忙碌了。突然间很不想面对那些忙碌，只愿意如现在般一直在海边待着。

疲惫的慰藉 排骨冬瓜汤

太累了，不知道想吃什么。如果一定要说，我想喝一碗汤，最想喝我爸爸做的排骨冬瓜汤。

清晨离开乌镇，去往上海的机场乘飞机，回到北京后回家看了一眼妹妹，没来得及看到多多，便去参加《小别离》的发布会。发布会之后就乘飞机回到上海为《功夫熊猫》配音，为熊猫阿宝完成最后一次配音，夜里十二点半又乘车从上海回到乌镇。

抵达乌镇是夜里两点半，回到似水年华红酒坊的时候，一群从四处来到乌镇参加戏剧节的我的朋友们在那里，翘首以盼地喝着小酒等着我。于是我和他们又坐在一起喝了些，聊了会儿，不知不觉到了清晨五点，我才回到房间睡下。

第二天早晨九点就又起来了，到操场跑步，打篮球。接着又去和何炅、徐峥一起做了个论坛，之后去开会，然后看话剧，之后休息了一下，匆匆回到房间吃饭。此刻在昏暗的院子里独自走着，月亮只有一半，乌镇戏剧节也过去了一半，我们要开始筹备下一届的戏剧节了。

总是这样忙忙碌碌。我也经常在想，我为什么会这么忙，为什么会忙成这样？《小别离》的戏还没有忙完，剧本上还有许多东

虽然我累了，但还是怀着感恩的心开始每一天的工作。

西需要讨论、调整，后面还要演《暗恋桃花源》，录《非诚勿扰》，还想导一部电影……

有时想，不知是什么驱动着自己如此忙碌，总觉得心中有个声音开始不断对自己讲"你该停下来"。虽然我此刻的身体和体能都非常好，但是隐约觉得自己有点累了，可能我应该主动停下来，不要等到让身体提醒我停下来。现在最想吃什么，都想不出来。这一天都没吃什么东西，可是也想不出最想吃什么。如果一定要说，我想喝一碗汤，想喝我爸爸做的排骨冬瓜汤，放点香菜，撒点白胡椒粉，汤一定要很烫。

其实这道汤做起来很简单。

排骨剁成大块儿的，焯水去腥，放在滚水里开始煮，之后将冬瓜倒入砂锅，冬瓜皮最好不要削得太干净，用小火炖上一个半小时，汤浓浓的，带有冬瓜的香味。

喝完热滚滚的汤，躺上床，好好睡一觉。

今日似水年华红酒坊依然会来许多好朋友，并且戏剧节也还有许多戏将在今天上演，虽然累了，但我还是怀着感恩的心开始每一天的工作，希望你们也能够分享到我的快乐，带着疲惫的快乐。

"洋气"的夜晚 意大利面

<u>赶紧去做这道非常好吃的意大利面给你的小朋友、你的爱人吧，还可以配一点浓郁的意大利红葡萄酒。</u>

多多非常喜欢吃我做的意大利面，我在自己的微博里也秀过几次自己做的意大利面。我要吹个牛，我做的意大利面非常非常好吃。

我做的是肉丸意大利面，如果你牛肉、猪肉都可以吃，我建议用这两种肉一起来做肉丸。

一份牛肉，一份猪肉，黑胡椒、盐、碎的车打芝士，一起用力气搅拌后，滚成一个个的团，用油煎一下，煎成小肉丸，大概比乒乓球小一些。记得在准备肉丸的时候，要揉得稍微大一点，因为炸的时候会缩小一些。肉丸炸好之后备用。

番茄酱汁并不一定要执着于自己做，超市里有配好的意大利面酱卖，建议同时准备一些蘑菇、番茄和洋葱。

先用橄榄油煎洋葱，煎出香味之后把去了皮的番茄和意大利面酱一起混在里面煮，把准备的蘑菇切成片加进去。我喜欢用草菇，比较香，而且对半切之后会有些酱汁嵌在里面。

酱烧开之后将肉丸放进去，再放车打芝士、黑胡椒粉、盐，熬啊熬，转成小火熬二十多分钟。

关火之后煮意大利面，在锅中放盐和一点橄榄油，面一定不能熟透，七八分熟、面里有一根白线就可以了。

快要煮好面的同时，单起锅放一点点油，大蒜切非常薄的片和黄油一起放进锅里，煎出蒜香后倒入七八分熟的意大利面，盛上一两勺煮好的酱汁和肉丸一起炒这个面，将汁稍微收掉一点。

这个过程中放入一点碎的车打芝士，面黏黏地沾上了酱汁之后就可以盛出来了，盘成一个卷放在盘子中间，配几颗肉丸，淋上一点碎的车打芝士、黑胡椒粉，还可以准备一点辣椒酱。

此外，推荐两款非常好的香料。熬酱的时候可以放迷迭香，新鲜的罗勒叶撕一撕放进起锅的面中，带有一种奇异的香气同时又漂亮。这是我最喜欢做的意大利肉丸面，小朋友会非常喜欢。

赶紧去做这道非常好吃的意大利面给你的小朋友、你的爱人吧，还可以配一点浓郁的意大利红葡萄酒，或者法国波尔多左岸的以赤霞珠为主的浓的葡萄酒。如果给小朋友吃的话，再拌一份沙拉，补充点维生素。

一份意大利面一杯葡萄酒，一个简单、美好的夜晚开始了。

一份意大利面一杯葡萄酒，如果给小朋友吃的话，
再拌一份沙拉，补充点维生素。

Sauce · Vinegar · Tea

法则六
....
煮意面的时候尽量不要让面离开你的视野，每隔三十秒搅拌一次，从而确保锅中的意面可以均匀受热，不至于一部分熟了一部分还处于夹生的状态。

法则七
....
煮有馅的意面和没有馅的意面，对水的温度要求也不一样，通常情况下煮没有馅的意面一直都要在沸水中进行，而有馅的意面则非常容易破皮，需要控制水沸腾得不要太厉害。

法则八
....
煮面的时候要多尝几次，以便检查意面的软硬程度，煮面的时间可以参考包装袋上的时间，但是通常都会有误差，所以过了建议的时间之后，每隔两分钟尝一次，煮得太软跟夹生都是一样失败的。

法则九
....
煮完意面记得留两杯面汤，以防万一做酱的时候需要放一些汤汁进行稀释。同时面汤也有丰富的淀粉，可以帮助意面与酱汁的融合。

法则十
....
永远都不要用凉水去冲煮好的意面，即便你想吃冷的意面。你可以把控干水分的意面拌上少许的橄榄油，然后在盘子中把意面平铺开来，放在室温中慢慢冷却。

酱醋茶

完美意大利面十法则

◉ **法则一**

一口深锅，不一定非要是不粘锅。同时准备一张滤网，便于面煮好时，把面条控干。

◉ **法则二**

煮面的时候，一定要等锅内的水沸腾后才能开始下面，而且一直都要保持水处于沸腾状态，直到面条的软硬程度适中。

◉ **法则三**

煮面的时候记得根据面条和锅内水的多少来放食用盐，同样盐也要等到水沸腾之后才能放进去。盐尽量要多放一些，这样才能保证盐分可以在煮面的时候浸透进去，否则盐分不够，面条煮好控干之后会不够咸。

◉ **法则四**

煮面的时候往锅中加入适量的橄榄油，可以防止面条粘在一起；当然加过橄榄油之后，面条的表面就会变得非常光滑，不容易让面条挂上酱汁。

◉ **法则五**

煮面的时候要同时把所有的面条都放进锅中，同时要确保所有的面条都浸没在沸腾的水中，还要用长柄的锅铲进行搅拌，防止粘锅或者面条本身粘在一起。

素之情人节 蒜蓉油麦菜

相信很多人过年都是大鱼大肉，我在家里做了几餐饭，也是各种鸡鸭鱼肉。过完年了，还是需要"素一素"的。

我在电视剧《深夜食堂》中出演那个老板，本来上半年我没有安排拍戏的工作，但是这部作品实在太吸引我了，无论漫画还是电影我都非常喜欢。热爱美食、希望从美食中得到一些人生感悟的人都对这部作品有很深的感情，所以我才决定拍这部戏。

相信很多人过年都是大鱼大肉，我在家里做了几餐饭，也是各种鸡鸭鱼肉。过完年了，还是需要"素一素"的。有一道普通得不能再普通的素菜，绿色爽口，那就是著名简单的蒜蓉油麦菜。

做法依然简单。大蒜剥了后拍完剁成蒜末，因为蒜裸露在空气中一定时间才能产生大蒜素，对身体更好。

把油麦菜洗净一切为二，叶子长一点梗短一点，热锅凉油，放几颗花椒爆香后捞出，一部分蒜末在锅中爆香，在油很热的时候下油麦菜进锅里，迅速翻炒。

炒青菜的要点是锅热、油热、火大，这样才能将蔬菜的水分快速锁在里面不会渗出。放一点盐、香油和白胡椒粉就可以起锅了，简单吧！非常清爽的一道菜。

鸡鸭鱼肉过后，"素一素"吧。

另一道菜是清炒山药。所谓清炒，就是葱、姜、蒜一律都不放，为了好看，可以切一根青椒，再放几朵木耳，切几片胡萝卜。

山药切片之后在冷水里泡一泡，木耳泡发撕小片，其他的东西切片备好。

起锅，油热放青椒、胡萝卜，再放木耳炒，炒木耳要小心，有时会溅油，所以一定要快速翻炒。最后放山药，稍微翻炒一下加一点点盐，我也喜欢加一点糖，可以提鲜，就盛出装盘了。这也是一道清爽还很好看的菜，小朋友也会喜欢。

虽然是情人节，但我和孙莉还是在家度过的。家里有另外两个"小情人"，让这个节日更加欢乐。

复刻食堂味 木须肉

这道菜是我小时候在食堂里吃到最多的，而且是典型的北方菜。

我小时候常去爸爸妈妈单位食堂吃饭，北方食堂里吃得最多的几样菜——烧茄子、柿子椒炒肉片、猪肉炖粉条，还有一样算比较精致的，而且荤素搭配——著名的木须肉。这是我小时候在食堂里吃到最多的、典型的北方菜。

每家的木须肉炒起来也不太一样，小时候我爸爸炒的木须肉是颜色比较浅的，有些家庭炒的会颜色深一些。

需要的东西，猪瘦肉（当然猪里脊肉最好）、木耳、鸡蛋、黄瓜，还有生抽、料酒、盐、香油、淀粉、白胡椒粉（我永远离不开白胡椒粉）。

猪里脊切成片放在冷水中浸泡，逼出血水，将鸡蛋磕入碗中，用筷子打匀。

将干木耳用冷水泡发，去掉根部撕成块，黄瓜斜刀切成菱形的片状，葱、姜切成丝备用。

炒锅上火，放油，烧热后加入鸡蛋炒散，使其成为不规则小块，盛装在盘中。碗中加入蛋清、淀粉、白胡椒粉、香油和一点点盐搅拌均匀，把切好的里脊倒入碗中稍微腌一腌。

也是热锅凉油，油热后将肉片放入锅中煸炒，肉色变白后，加入葱丝、姜丝同炒。炒至八成熟时，加入料酒、盐、生抽，炒匀后加入木耳、黄瓜片和鸡蛋散同炒，炒熟后淋入香油，撒入白胡椒粉即可。

这道菜在食堂里是"食堂菜"，可放在家里做就是小炒，有菜有肉，色彩鲜艳，内容丰富，也是一道大米饭的绝配菜。

每当吃这道菜，我就会想起小时候去食堂打饭菜的情景。一不留神，多多和妹妹都已经这么大了。

这道菜在食堂里是"食堂菜",可放在家里做就是小炒,也是一道大米饭的绝配菜。

如遇旧时人 蛋炒饭

> 我非常喜欢做炒饭，因为它特别丰富，有菜，有肉，有海鲜，还有米饭。

以前录《黄磊时间》的时候，我还在抽烟，经常在节目中说"稍等，我点一支烟"，于是我就点了一支烟。现在，我不抽烟，已经戒烟好几年了。我现在也是世界卫生组织的"禁烟大使"，我希望天下无烟，大家都能够不要抽烟是最好的。抽烟不仅影响健康，而且"抽烟有害吃饭"，因为抽烟后你的胃口、味觉会变差。

说到吃饭，想起曾经在微博里介绍过炒饭。我非常喜欢做炒饭，因为它特别丰富，有菜，有肉，有海鲜，还有米饭。炒饭最重要的一条，大家一定要铭记在心的，就是米饭不要煮得太软，硬一点的米饭更适合做炒饭。如果可以炒剩饭，炒冷饭，就更完美了。煮好的饭在冰箱里隔夜储存，炒出来就更精彩。煮新鲜的米，就尽量煮干一点，不要太烂，水少一点。

介绍两种最基础的炒饭。一种是干贝海米的，准备点香菇丁、胡萝卜丁还有鸡蛋。

先把鸡蛋划散了，划成鸡蛋碎放在一边备用。

然后用一点点油将冷水浸泡过的海米和干贝，小火煸出海鲜

蛋炒饭最好的搭配就是酸辣汤，再配一盘炒青菜和自己酱的牛肉，完美无缺！

的味道，将准备好的胡萝卜丁、香菇丁煸炒备用，蒜苗、黄瓜一类的绿色蔬菜留待最后。

放一丁点油，煸炒米饭，陆续加进去备好的料和鸡蛋，根据口味加一点点生抽，最后放葱花和绿色蔬菜，撒一点点白胡椒粉，煸炒得干干的盛出来，这是一道最基础款的炒饭。

另一种更基本的，就是传说中的蛋炒饭。需要三样东西，米饭、鸡蛋和小葱，其实好吃的东西就是这样，非常的简单。

同样用隔夜剩饭或者干一点的米饭，但鸡蛋换一种新方法，就是将蛋白分离出来炒一点蛋白碎，剩下的炒成鸡蛋碎，这样就有了白色和黄色两种蛋，金银蛋的感觉。多备一点小葱切碎。

用一点点油再将米饭炒干，放之前炒好的鸡蛋、盐、一点点生抽、葱花儿。孟非之前在节目里提到一个好办法，如果家里有炖鸡汤的话，沿着锅边淋上一点点鸡汤，或者家里有猪油的话，加一点一起翻炒，最后放上点儿白胡椒粉。

蛋炒饭最好的搭配就是酸辣汤，再配一盘炒青菜和自己酱的牛肉，完美无缺！

酱醋茶

黄小厨的炒饭要诀

◉ 要诀一

如果家里有鸡汤的话，可以沿着锅边淋一圈鸡汤，有猪油的话也可加点猪油一起炒，味道会更好。

◉ 要诀二

做炒饭的米饭要煮得硬一点，如果是隔夜饭或者冷饭就更好了。

◉ 要诀三

炒饭做好后可以搭配酸辣汤、酱牛肉。

今宵夜长 味噌汤

不需要特别准备食材，家中只要有味噌，就地取材，利用冰箱中现成的食蔬，做一餐没有心理负担的消夜。

最近我一直在高雄拍摄电视剧《深夜食堂》。深夜食堂深夜才开门，营业到清晨，所以接待的都是一些吃消夜的食客。坦白讲，我这些年胖的原因也是因为热爱吃消夜这件事。

吃消夜不是特别健康的事，可有时演出完散场以后，一群人若是不在一起吃吃喝喝，总觉得少了点什么，这一天仿佛只干活没吃东西。

我和孙莉两个人在家的时候，是不常吃消夜的，有时候快要睡觉时有点饿，就去吃点零食，这样依然容易胖。

所以不如来一道适合两个人在家时制作，非常简单、吃了也不会发胖、没有心理负担的消夜——小厨随意味噌汤。之所以说是随意，是因为不用特别准备什么材料，有味噌就行了。

日本的味噌有点像我们的豆瓣酱，是用黄豆、米或者麦发酵制成的调味酱料。

首先，把肉馅装入一个大碗中，将鸡蛋打散，再倒入肉馅，顺时针方向用力搅拌，用勺子定形团成一个一个肉丸子。

加入味噌，把所有食材煮熟之后，撒入一些小葱花。
开喝！

把豆腐切片备用。烧开水，煮肉丸子，把一大勺味噌一点一点加入水中。

等香味煮出来，加入豆腐、裙带菜、海带或一切你想煮进去的食材，煮熟即可。

据说味噌包含了人体需要的一些氨基酸，富含营养，对人的肝脏也很好，所以非常健康。如果你和爱人吃过消夜后就入睡，可以放一些葱花，但是如果两人消夜后还是想要"运动"一下的话，葱花味道不是很好，赶紧捞出来吧。

酱醋茶

味噌小百科

◎ 按颜色分类

味噌颜色的深浅与制作温度及熟成时间有关。售卖时，日本味噌大多按照产地命名，关东的味噌大多为赤味噌，而关西的味噌大多为白味噌。

赤味噌——长时间高温熟成，颜色较深，盐分一般比较多。

白味噌——短时间熟成，颜色偏白，味道一般偏甜。

◎ 按曲分类

味噌都是以大豆为主要原料的，但发酵使用的曲种类不同，风味亦有区别。

米味噌——由米曲制成，产量最多，占味噌总产量的八成。

豆味噌——由豆曲制成。

麦味噌——由麦曲制成，品种较少。

围炉小酌 烤鸡腿

在冬天，一家人或者几个闺密围炉而坐，喝着小酒八卦一会儿，也是挺幸福的事。

这一天是感恩节，要感恩所有人，感谢我的工作伙伴们，尤其要感谢妻子多妈，这些年来她为了家付出了许多，照顾两个孩子，照顾我；也要感谢我的两个孩子，多多人儿和妹妹人儿，感谢她们来到我的生命中，让我感到如此幸福、充实和美好。

"歪果仁儿"在过西方节日的时候，吃得最多的是火鸡，想起我也会烤一种鸡，非常简单，速度很快，分享给大家。

如果你宴请朋友的话，买上六到八个鸡腿儿，脱骨、切块儿，洗干净后用厨房纸将水分吸干。

之后去调一种汁——从超市买来迷迭香捣碎，跟橄榄油、海盐、果醋、黑胡椒粉调匀在一起。然后准备红的黄的绿的不同颜色的小番茄、洋葱、胡萝卜、土豆。

起热锅放橄榄油，然后放鸡块儿，和煎鱼一样，不用乱翻它，一面儿煎得差不多了再翻面儿煎，煎完盛出来之后放在一个大的烤盘上，或者是瓷盘也可以。

用另一个锅煮开水放橄榄油和一点盐，把土豆胡萝卜煮熟。

围炉而坐，喝着小酒八卦一会儿，也是
挺幸福的事。

将去皮的小番茄、胡萝卜、洋葱、土豆和煎成金黄色的鸡腿肉一起放进烤盘，将调好的汁料拌进去，放进烤箱在160℃左右烤二十分钟到半个小时。加上之前准备的时间，大概四十分钟。

　　烤鸡肉的同时可以去做沙拉了。买各种你喜欢的菜，我喜欢生菜、番茄、牛油果，一点芝士，撕几片火腿。再准备点沙拉汁，用橄榄油就非常好，或者意大利的果醋。这样三四个人的晚餐就足够了。此外，主食做面包，或者买一根法棍或者粗粮面包，一餐就非常丰富。

　　搭配什么样的酒呢？我建议去买霞多丽或者长相思，这两款白葡萄酒都是很爽口的，有清新的果香，配着沙拉，等着那个鸡腿儿烤好。

　　鸡腿儿烤好之后，口味比较重，可以配红酒，但不推荐太浓的红酒，如赤霞珠，也可以用霞多丽，配鸡肉很不错，或者选梅洛、黑皮诺。

　　性价比高的话可以选新世界的酒，即法国、意大利、西班牙等传统的葡萄酒国家之外的澳大利亚、新西兰、智利、美国、南非等国家产的葡萄酒。

　　我推荐新西兰、澳大利亚和美国加州的霞多丽，都是非常不错的。如果选梅洛，就选美国纳帕溪谷的梅洛，黑皮诺的话推荐新西兰的。

　　除此之外，一些姑娘们在一起喝个二锅头，也是挺来劲的，有种女汉子的气质。如果选米酒、黄酒等低度酒也是很滋润的，尤其是在冬天，一家人或者几个闺密围炉而坐，喝着小酒八卦一会儿，也是挺幸福的事。

这就是我们想要的感恩节晚餐。

Sauce · Vinegar · Tea

◎ 淑女 | Pinot Noir

黑皮诺对气候、土壤、地形的要求非常严格，如果照顾不周，动了「情绪」，后果不堪设想，所以大家都觉得她更像一个很挑剔的「淑女」。当然如果不能接受黑皮诺的缺点，就不配拥有她的优点。一杯上等酿造的黑皮诺香气细腻，酒质丰富充实，容易入口，赏识和爱它的人会被它迷得五迷三道。虽然她很挑剔但却非常有内涵，可以和很多食物不谋而合，无论是一份精致的三文鱼还是一份口感丰富的煎鸭胸肉，都是绝妙的搭配。

◎ 小清新 | Merlot

梅洛作为一款入门级的红酒，酒体散发着成熟李子、樱桃的果香味，单宁度低，酸度也低，口感十分圆润，层次丰富，说她是「小清新」一点都不为过。丝般柔顺的口感和果香味，让她可以跟很多食物做朋友，这么多朋友当中，闺密级别的还要属重芝士和炖牛肉或者烤牛排。

酱醋茶

感恩节晚宴酒单

感恩节，大家不仅要吃好，更要在酒足饭饱之后畅谈即将结束的这一年都经历了哪些事和遇见了哪些人，所以选对酒，变得尤为重要。

◎ 小公主 | Sauvignon Blanc

长相思并不像霞多丽那样容易被人接受，它的口感更加活跃，辛辣，具有青草的独特香气，就像一位个性鲜明的「小公主」，一旦爱上她就难以自拔，不爱就是不爱。她的择偶标准，眼里只有白肉，没有红肉，而且含有大量黄油或者奶油的料理她也看不上，如果硬要凑合在一起，只能适得其反，葡萄酒会变得更辛辣，料理的口感也会变得非常油腻。

◎ 万人迷 | Chardonnay

霞多丽是白葡萄酒中最受欢迎的一款酒，圆润，中性以及层次丰富的口感，比任何一款白葡萄酒都更容易搭配食物，大家都戏称它是「万人迷」。霞多丽个性温和平易近人，很多食物和料理都是她的追随者，但这并不代表霞多丽可以随便拿来进行配对，岂能有凑合过日子的想法？如果真心喜欢霞多丽，就真正地去了解哪些食物可以与她在一起吧。

Chapter6 年味最高

不再需要等到过年才能买新衣服，

不再需要等到年夜饭才能大快朵颐，

然而过年还是那么重要，

依循年俗，才能体验到最欢欣的年味。

因为，仪式感才是平凡生活的解药、美好生活的秘密。

岁月长人情暖

> 我这四十四年，所有年三十都没有离开过父母。起码
> 除夕夜的时候一定会在家里，而且一定会跟我的父母在
> 一起。

春节，对中国人来讲是一年当中最重要的一个节日，同时也是每一个人从童年到成年、从家乡到异地、从父母身边到组建家庭这一系列人生历程中，留下记忆最多的时刻。

我这四十四年，所有年三十都没有离开过父母。起码除夕夜的时候一定会在家里，而且一定会跟我的父母在一起。

有几个特别的过年的记忆。一个是1997年，我研究生毕业之后留校教书。那一年我还没结婚，孙莉的父母还没有搬到北京来，一到春节，她就会回到大连老家跟她的父母一起过年，我则留在北京。我姐姐已经结婚了，要陪着她老公去她婆家过年。那一年的大年三十是我跟我的父母三个人过的，家里很冷清。

那时候，我跟孙莉住在北京的西边，已经有自己的家了，而我父母家在东边。年前我刚刚学会开车，买了一辆车，大年三十下午，我开着车去父母家里跟他们一起吃年夜饭。

而那一顿年夜饭，给我印象最深的是父亲做的大火锅。在热腾腾的铜锅里，有母亲包的蛋饺，父亲做的肉丸，发的海参、木

耳、香菇，吊的鸡汤，还有发的牛筋、鱼肚、炸的肉皮、虾、鲍鱼、干贝、冬笋……很大的火锅，像广东人过年时候吃的盆菜。我们三个人，在冷清的大年夜，吃着丰盛的火锅。

吃完年夜饭，我陪二老看电视，一起等着看小品，一起"嘎嘎嘎"地笑。当年不让放鞭炮，很安静。过了十二点，他们俩也累了，我说："你们睡觉吧。"就离开家一个人开着车，穿过北京城，从东到西。

此时天开始下雪，那一瞬间，我突然觉得自己正驶向远方，在远离自己的父母——他们变老了，我长大了。那个大年初一凌晨的雪夜，是我人生的一个节点。

我对 2014 年的春节印象同样特别深刻。那年我家有了第二个小孩，也是女孩，她的名字叫作"妹妹"。过年的时候家里非常非常热闹，我父母、孙莉的父母、我跟孙莉，还有我们的两个女儿都在，长辈们有了一种儿孙满堂的感觉。晚一点的时候，姐姐也带着我的外甥来了，那是我们家人口最多的一次过年。

我觉得，年夜饭就应该在家里自己做，如果不是坐在家里，还要再转一个场，就有点不像是一家人团团圆圆地在过年。过年就是为了一家人团聚，大家散落在家中各个位置——沙发上，厨房里，餐厅里，电视机前，麻将桌前，才有过年的感觉。

我想，一个人最幸福、最踏实的时刻，就是在新年节日里，能与家人相守在一起。

不舍欢庆时

过年之前从外地提着土特产往家赶，那是真正的回家过年的心情。似乎只有这样，才会让人觉得自己有家，惦记着家。

这些年，大家都在网上说觉得年味儿越来越淡，这是一个进步，还是一个遗憾呢？我觉得年味儿淡的原因可能是大家忙了。年前忙得不得了，要顾及的事情特别多，年后又想着有一大堆事情要去做，并且随着年纪一点点增长，对过年也就看淡了。

可是对于像我的女儿多多这个年龄的小朋友来讲，年味儿并没有淡。而比起我们在一些文学作品里看到的，比如老舍先生的小说里面描述的老北京的年味儿，我们小时候的年味儿也没有浓到哪里去。

能为过年制造年味儿的还有一项很有仪式感的事，办年货。进入腊月起，就陆续为即将到来的新年预备食物，买些鸡鸭鱼肉、海鲜等美食。家里弄得喜气洋洋，物资丰富，心中自然对新的一年满怀期待。

我以前拍戏时，每到一个地方都会买当地风物带回家，比如浙江的扁尖笋、笋干、火腿，丰富新年的餐桌。印象很深的是，2006 年初，我在四川宜宾的蜀南竹海地区拍《家》的一场戏。我们是跨年拍，过年要回家，大约腊月二十七、二十八的时候，我转到老乡家里，看到人家挂在灶台上的腊肉，我问他这个腊肉卖不卖，他说不卖。我缠了老乡很久，终于把腊肉买了下来。那个时候多多刚刚一岁，要吃鸡蛋黄，所以我又在村子里找到土鸡蛋，又买了一些竹海的特产竹笋、笋干、竹荪、竹蛋……大包小包地提着，去坐飞机。过安检的时候，安检员说："您这是什么东西啊?"我说："鸡蛋。"他说："嗬! 还带鸡蛋坐飞机!"鸡蛋当然不能托运，我只能一路小心翼翼地提回家。过年之前从外地提着土特产往家赶，那是真正的回家过年的心情。似乎只有这样，才会让人觉得自己有家，惦记着家。

其实年味儿淡不淡不在于是否讲老礼、老规矩。现在微信上也一样发红包，一样有过年的热闹。我自己不觉得年味儿变淡，有一点遗憾的是，每个家庭的成员越来越少，人少了，过年显得不热闹。

在中国人的价值观里面，儿孙满堂、家庭和睦是非常重要的，但现在很多家庭聚在一起常常是四个老人、两个中年人加一个小朋友—— 4:2:1 的比例，看起来非常冷清，"后继无人"的样子。如果觉得年味儿没有那么浓，主要原因可能是小孩子越来越少，因为孩子的欢笑永远是年节当中最浓的亮色。

我的心目中，过年就是一个节点，我们过了八十个年、九十个年，人生也就走完了。我心目中过年最理想的一个场景就是：张灯结彩，儿孙满堂，家人团聚，其乐融融。我们一起品尝美食，为彼此送上祝福，一起祈祷这个世界更加和平，祈祷我们的家园更加美好，祈祷人们都可以一心向善，彼此信任、理解、关爱。

念念不忘 清蒸爆腌鸡

如果你做年夜饭，把这道菜放到最后，希望大家可以大吉大利！

"腊月二十七，杀公鸡"，年俗里的过年，每一天都在"杀"，昨天杀了猪，今儿又杀了鸡，你是过了年，可猪和鸡可就真不太高兴了——"怎么一到过年就是我的事？"我前段时间看了一本书《一只被吃的猪》，写得很好，其实人与自然之间有一种特殊的协调方式。

过年有讲头，说鱼，就是连年有余；鸡，就同大吉大利，吉祥如意。年俗里讲的腊月二十七杀鸡不是当天吃，要等到除夕吃。我小时候遇到这样的事就特别痛苦，我爸爸从小年就开始准备年夜饭，我每天看我爸在做呀做，就问："什么时候吃啊？"我爸说："过年吃！"我说："怎么老等着过年，能不能现在就吃啊？"

小时候对肉有特殊的渴望。现在鸡肉随处可见了，不用真的杀公鸡，尤其大家可以吃到很多快餐如肯德基、家乡鸡等，但是以前的鸡和现在的鸡真的不一样，以前的鸡是走地鸡的味道，鸡骨头邦邦硬的才是好鸡，现在很多鸡骨头一咬就碎了，很不新鲜。

我们家过年吃的一道清蒸爆腌鸡是我在广东惠州吃到后学做

以前的鸡和现在的鸡真的不一样，以前的鸡是走地鸡的味道，鸡骨头邦邦硬的才是好鸡，现在很多鸡骨头一咬就碎了，很不新鲜。

的。首先你准备一只鸡、白酒、盐、胡椒、辣椒油、葱花、姜片还有肠粉，没有肠粉准备米粉、米线、面条都可以。

把鸡洗干净剁成块，葱花和姜片备用，白酒、盐、胡椒粉就抹在鸡的里里外外，爆腌就是腌差不多三个小时，如果你接受花椒的话，炒一点花椒盐来腌也不错。

三四个小时之后，把多余的盐洗掉，鸡块放进蒸锅里，放上姜片，一滴水也别放，盖着盖儿隔水蒸，蒸汽一点点变水淋进去，有一点汽锅的效果，蒸出来很浓的鸡汤。但是鸡汤不多，刚刚没过鸡肉。

等鸡肉吃得差不多了，就煮好肠粉（或面条或米粉米线），不用煮太熟，淋上刚刚剩下的鸡汤，放上葱花、辣椒油、花生碎……这道菜可以作为上甜品之前的最后一道主食。

如果你做年夜饭，把这道菜放到最后，希望每个吃到的人可以大吉大利！

清蒸爆腌鸡

时间：180min

难度：★★★☆☆

原料 INGREDIENTS

小公鸡 / 白酒 / 食盐 / 白胡椒粉 / 香油 / 辣椒油 / 小葱 / 生姜 / 肠粉（米粉、米线、面条）/ 花生碎

01

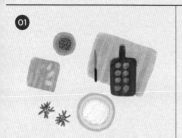

将小公鸡处理干净后剁块，小葱切成葱花，生姜切片，放在一旁备用。

02

将适量白酒、白胡椒粉和足量食盐，均匀地涂抹在鸡块上，腌三个小时以上。

03

将鸡块上多余的食盐用清水洗掉，把鸡块放入蒸锅里，加入两片姜，隔水蒸三小时。

04

把肠粉（米粉、米线或面条）放入锅里煮熟捞出，浇上剩下的鸡汁，出锅后淋上香油、辣椒油，撒上葱花和花生碎。

必要的多余 清蒸河鲈

年三十晚上做的鱼，大家舍不得吃，要留到第二天，因为要年年有余。

年三十每一个家庭的桌上都会有的一道菜，就是鱼。通常这道鱼做了，大家舍不得吃，要留到第二天，因为要年年有余。

年夜饭，我会做清蒸河鲈。在超市买一斤半以内的新鲜河鲈，收拾好后带回家洗干净，鱼背上两面各用刀划上两刀，然后用盐和料酒里里外外抹上，腌上二十分钟到半个小时。

腌的时候将大葱切成段儿，将姜切成片儿，留下一些小葱和姜切成丝儿。取盘子将大葱的段儿和姜片垫在盘底，把鱼摆在上面，再将姜片盖在鱼的身上。

蒸锅起水，水开了之后再将盘子放入，大火蒸十分钟，关火焖上三分钟，打开锅盖后，将提前倒在碗里一起蒸热的蒸鱼豉油淋在鱼的身上。做这个动作之前，将鱼身下的大葱和蒸出来的汁都倒掉。

整个端出来后，将葱丝、姜丝、辣椒丝摆在鱼身上，单起一锅，少量油烧热，浇在这些丝上面，既漂亮又很香，端上来油还在滋滋作响，带给一家人好兆头。希望每一个人都年年有"余"。

清蒸河鲈

时间：40min
难度：★★☆☆☆

原料 INGREDIENTS

鲈鱼 / 食盐 / 料酒 / 大葱 / 生姜 / 蒸鱼豉油 / 小葱 / 辣椒 / 植物油

01

鲈鱼洗净去鳞，鱼背划刀，在鱼身和鱼肚子抹上食盐和料酒腌制一会儿。大葱切段，生姜一部分切片，一部分切丝，小葱、辣椒切丝，放在一旁备用。取一个长盘，在盘子里放上一些姜片和葱段，把腌好的鲈鱼放在葱姜上面。

02

向蒸锅里加入足量的清水，水开后把鱼放入锅中，大火蒸十分钟左右，关火。再虚蒸三分钟后打开锅盖，把蒸鱼豉油淋在鱼身上（蒸鱼豉油可以提前装小碗和鱼一起放进蒸锅加热）。

03

将鱼端出锅，把提前准备好的姜丝、小葱丝或者辣椒丝一起摆在鱼身上。炒锅里放少许油，油热后浇在鱼身上，清蒸河鲈就做好了。

吃出团圆味 狮子头

春节的餐桌上，给每个人面前放上一份原盅的清蒸狮子头，团团圆圆。

我做过很多种狮子头，有清蒸的，有蟹粉的，还有红烧的。大家通常会以为狮子头就是加蟹粉的，这道菜属于淮扬菜系，讲究入口即化。

其实四季可以做不同的狮子头，春天用春笋做狮子头，夏天做清淡口味的荷叶狮子头，秋天做蟹粉狮子头，冬天用鸭掌鸭翅做狮子头。

我认为最好吃的，是清淡的清蒸狮子头，这也是我家年夜饭的重头戏之一。

为了健康，选肥、瘦肉一半一半的猪五花肉，再准备淀粉、鸡蛋清、盐、葱、姜、生抽、胡椒粉、白糖、荸荠，没有荸荠，一个梨也不错。

做法很简单，五花肉剁馅，或者用很细的刀工切成"石榴米"。我反对将葱剁进去一起蒸，可以放一些葱姜水——捣碎的葱、姜泡成汁倒进肉馅里。

然后放盐、胡椒粉、生抽、鸡蛋清、淀粉、香油、一点点白

肥而不腻，入口即化。味鲜软滑，口齿留香。

糖，切碎的荸荠或梨可以让肉蒸出来很松，不会黏连得那么紧。

按照一个方向搅拌这些混合的馅料，搅好后用手团成大概鸭蛋那么大，放进清蒸用的炖盅（最好能有提前吊好的清鸡汤，倒进去一点），放进锅里蒸。

上汽后再蒸二十分钟到半个小时，我的建议是蒸得再久些，四十分钟以上也不是不可以。

准备点小油菜，蒸好后每个盅里放上一根，盖上盖，关火，端上桌。

春节的餐桌上，给每个人面前放上一份原盅的清蒸狮子头，团团圆圆。

狮子头

时间: **60min**

难度: ★★★☆☆

原料 INGREDIENTS

猪五花肉 / 荸荠 / 油菜心 / 淀粉 / 食盐 / 蛋清 / 小葱 / 生姜 / 生抽 / 胡椒粉 / 香油 / 白糖

01

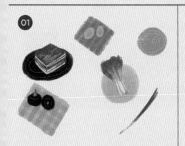

将五花肉洗净后沥干, 去皮剁成细末, 荸荠去皮切成小丁。小葱洗净切成葱花, 生姜切成末, 装入小碗中用少许水泡一泡, 然后用过滤网滤除葱花和姜末, 留下葱姜水。

02

把肉末放到一个较大的碗里, 打入一个蛋清, 再加入葱姜水、食盐、生抽、胡椒粉、白糖、香油、淀粉、荸荠丁, 顺着一个方向搅拌至肉有黏性, 搅拌均匀。

03

把肉馅团成鸭蛋大小的丸子放进炖盅里, 再往里面加入清水或者清鸡汤。把炖盅放进蒸锅中, 上汽之后再蒸三十至四十分钟。

04

出锅之前把洗好的油菜心放入炖盅里, 再盖上盖子, 关火。

冬天的彩虹 炒什锦

这是非常适合新年里做的一道菜，食材丰富，色彩鲜艳，正像我们今天丰盛的生活。

在家中，有妹妹玩耍的声音，听着这声音，想到自己即将出门工作，有几分不情愿。

今年过年时我做了一道菜，这道菜是在南京录《非诚勿扰》的时候，孟非教给我的。今年大年三十我做了一次，年初五的时候又做了一次，这道菜的名字非常好听，叫什锦菜，也叫什样菜。

所谓什样菜，顾名思义，就是至少有十样，都是素菜。做法非常有趣，如果家里人多就做一大份一次吃掉，人不多的话也可以做好后放在冰箱里分两次吃。

我非常喜欢这道菜。听我爸爸黄老厨说，他从前也做过。

首先，提前一天用水泡发笋干。当天准备的东西比较复杂：笋干或扁尖笋、菠菜、茼蒿、芹菜、胡萝卜、黑木耳、香菇、豆腐丝或豆腐干、豆芽、黄花菜、荸荠、藕、金针菇……每种菜有半两或一两，大概十几样。

每种菜洗净备好后，起锅放一点点油，除了豆腐干外，每样菜都在锅里轻轻地炒一下，放一点盐，然后盛在大碗里晾凉。

好吃又漂亮的一道菜。

每种菜都单独炒，香菇和木耳记得切成不太细的丝，试着放一点香菜也不错。

　　炒完，将这些菜放大量的香油、白糖和一点点醋拌在一起，豆制品类可以按照需要量在吃的时候再放。

　　拌完之后放在保鲜盒里冷藏起来，晚餐时候取出来。非常好吃的一道菜，也很漂亮，像彩虹一样。

　　这是非常适合新年里做的一道菜，食材丰富，色彩鲜艳，正像我们今天丰盛的生活。

炒什锦

时间：**30min**
难度：★★☆☆☆

原料 INGREDIENTS

笋干 / 菠菜 / 芹菜 / 胡萝卜 / 黑木耳 / 香菇 / 豆腐丝 / 黄（绿）豆芽 / 黄花菜 / 荸荠 / 藕 / 金针菇 /
香菜 / 食盐 / 醋 / 白糖 / 香油

01

笋干提前一天泡发，然后切成丝；藕切成一片一片的，再对半切；香菇、木耳、黄花菜泡发之后切成丝，但是都不能切得太细；荸荠去皮洗净，剁成小丁备用，金针菇洗净去根，控水备用，菠菜、芹菜、香菜洗净去根，控水备用；黄（绿）豆芽把豆芽的须都摘掉，控水备用；胡萝卜洗净切丝备用。

02

热锅，放一点点油，每样菜都单独炒制，根据菜的原色从浅至深一样样炒。油热后，轻轻地炒一炒，然后放点食盐，最后放在一个大碗里把它们晾凉。

03

接下来就要自己拌这些菜，根据个人的口味放入香油、白糖和一点点醋。拌过之后可以放到保鲜盒里，或者覆上保鲜膜放到冰箱里保鲜。

幸福不会停止 黑芝麻汤圆

> 我外公已经过世了很多年，想想还是很怀念一家人可以团圆在一起包汤圆、吃汤圆的那段日子。

过完元宵节，年才算是圆满地过完了。元宵节也是团圆节，每年元宵节都会祝大家团团圆圆。在这个节日里大家会有两件事情去做：猜灯谜、吃元宵。

元宵在北方是滚出来的，在南方是包出来的，叫汤圆。

小时候看到路边或者商场里有那种大的竹笸箩，在里面滚元宵，很好看。因为我父母都是南方人，我小时候会和他们一起包汤圆，自己家里不太会制作元宵。

我自己更倾向吃汤圆，当然元宵也很好吃，一咬开里面包裹着一团油油的馅料：黑芝麻、山楂、什锦。有些馅料我不大喜欢吃，宁愿吃白糖的，如果是桂花白糖我觉得更好。

我妈妈很会包汤圆。首先将糯米粉像和面一样和成糯米团儿，用手指在糯米团正中摁一个坑儿。

将黑芝麻拌猪油或者加一点桂花，放在这个摁出来的坑里，之后在手心里转，转着转着就包起来了，有点像包包子的感觉，直到滚圆了。

元宵节也是团圆节，每年元宵节都会祝大家团团圆圆。在这个节日里，大家会有两件事情去做：猜灯谜、吃元宵。

我小时候还有一种很特别的汤圆——肉汤圆。我很喜欢吃，其实它就是个肉丸，像饺子，但只有纯肉不放菜，把肉馅包在糯米团儿里煮熟了，就像糯米饺子一样，味道非常好。

肉汤圆对我挺有吸引力的，但是不用思考，最喜欢的还是黑芝麻馅的，而且是最普通的，糯米切不可弄成什么紫薯、紫米之类，就是白皮儿黑心儿最好。这种汤圆最珍贵的就是它一口咬下去是流油的，猪油黑芝麻汤圆是我的最爱。

小时候每到正月十五吃汤圆时，我的外公都会说"原汤化原食"，想想也是老人希望我们别吃太多的糯米不消化，所以我们是吃四颗汤圆喝掉一碗汤圆的汤。

盛出来的时候是四颗汤圆在汤里，只有吃完汤圆喝掉那半碗汤才可以申请再吃，可其实吃完四颗喝完汤就有点饱了，不会吃太多，后知后觉才想起糯米都在自己肚子里。

小时候，我和我姐姐、表弟表妹，围坐在一张桌子前，吃完汤圆就一起咕嘟咕嘟把汤都喝掉。

我外公已经过世了很多年，想想还是很怀念一家人团圆在一起包汤圆、吃汤圆的那段日子。现在可能许多人家都是买些速冻汤圆，在家里煮一煮。

元宵节要做的另外一件事是猜灯谜。现在大家都说我是"神算子"，但其实我对猜谜语这事不是太喜欢，我更喜欢去猜那些带有逻辑的趣味谜题。

印象中小时候的灯谜都是些藏头诗，猜个字、得个奖，我觉得这些没什么大意思，以后灯谜也可以升级一下，带些逻辑推理，不过想想好可怕啊，在一堆灯笼里写满了那些个悬疑的故事。

过完了正月十五，这个"年"就是真正地过完了，猴年来了，大家要猴气十足，要大吉别猴急。

　　我已经开始工作了，看着这一年的工作时间表，预感到这一年又会很匆忙地过去。一年又一年，一顿又一顿饺子，一碗又一碗汤圆，虽然开年快要过去了，但幸福没有停止的时候。

Chapter 7 特别辑录

2000 年，台湾有一档电台节目《黄磊时间》。

十多年过去，这些当年聊过的话题依然令人有所

感怀，文艺于生活，始终是不可或缺的部分。

愿你我的生活，既有酱醋茶，亦有诗酒歌。

树叶堆里的钥匙

1994年我在上海一部电影的摄制组里,摄制组住在一间由幼儿园改造的招待所里。招待所有两扇门,一扇通向里面的楼道,另一扇通向外面的院落。

那时大概是9月的中旬,上海在下雨,法国梧桐的树叶被雨水打落,有青绿色的,有黄色的,贴在地上,仿佛是画在地面上。我坐在靠近院落的那个门口,把脚架在门框上,拿着瑞典导演英格玛·伯格曼的自传《魔灯》,一本我看了很多遍的书,偶尔会看一眼门外面的雨和掉落的树叶。

忽然之间,记忆就闪回到小时候。那时我家住在玉潭公园旁,有很多很多的杨树,杨树长得很高很高,我们叫它钻天杨。

秋天,杨树叶子都掉了下来,清洁工人会把这些落叶扫成一堆,很大很大的一堆。在我童年印象中,那树叶堆像一座山一样高。我们下了课之后,就跑到那个树叶堆上面去玩,打仗、摔跤。

小时候爸妈常不在家,我把家里的门钥匙挂在脖子上,在树叶堆上玩,直到黄昏时大家才各自回家。当我走到家门口时,才发现脖子上晃荡的门钥匙不见了。我跑回去想把树叶堆里的钥匙找出来，可是怎么也找不到。只能回到家，向我爸爸承认错误。

印象中我爸好像打了我一下，打哪儿不记得了，只觉得很疼。我也知道自己犯的错误不可原谅，因为每次丢钥匙家里就要换锁。我已经弄丢很多次钥匙，家里的锁都换了一遍，得去买新锁。

我爸爸跟别人借了一辆自行车，骑车带着我到丢钥匙的树叶堆那儿，我们两个把山一样的树叶堆几乎挪了一个地儿，也还是没能找到钥匙。

父亲骑车带着我回家时，我才想到原来父亲从来没有骑车带过我，突然间就觉得很幸福，快乐极了。我抱着父亲的后背，一点都感觉不到他打的疼了。

时间又闪回到1994年上海那个幼儿园的门口，我看着那些散落在雨中地上的金黄色树叶，想起自己的童年。成长仿佛就是在那一瞬间开始的。

诗 poem
酒 wine
歌 song

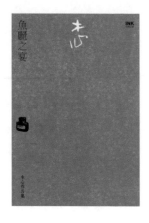

《鱼丽之宴》

木心 / 著

木心先生是我最钟爱的一位作家。我与他有着一些很奇妙的缘分，这些缘分来自乌镇，来自东栅，来自《似水年华》，来自他的故乡。我非常尊敬、崇拜他，仿佛与他神交已久，他是一位伟大的作者。先生的杂文和随笔我都非常喜欢，在其中一篇《私人曙光》中他写道："独自空身朝前走去，望着手帕般大的一方曙光，现代人早已不用手帕，所以不知道私人的曙光有多大。"我每次读到这句话的时候心里就有一种感动。他说现在已经很少有人用手帕，所以不知道手帕有多大，他心中有一片曙光，大概就是手帕大小。

儿时荒诞

　　许多时候，儿时是很荒诞的，因为正在经历一个心理、情绪起伏最跌宕的年纪。儿时曾发生过一件在今天看来很小很小的事，却在我当时的心里很重很重。

　　当时我大概上小学二年级，上课时我总看着窗外的树发呆。我们的座位是一行一行的，老师背着手，拿着本书在讲课文，在座位之间穿来穿去地走，发现了我在看外面的树，他就拿书本拍了下我的脸，想让我注意力集中。

　　可是不幸的是，他打在我因为秋天干燥而生的口疮上，伤口立刻就流血了。我顿时特别难过，现在回忆起来仿佛都有泪水要涌出来的感觉。

　　老师把我哄出教室，我便觉得整个人生都失败了，已失去了支点，没有勇气去面对生活。我从口袋里找出一张破纸条、一个铅笔头，写了一封"绝命书"，写了一些对我父母安慰的话语，同时写给一个关系最要好的同学，告诉他我要离去了，希望他帮我安慰我的家人。

　　写完之后我把纸条攥在手里，鼓足了勇气去敲了一下教室的门，喊了一声："报告。"老师打开门看着我说："干吗?"我问老师能不能拿书包，我想回家。他更生气了，觉得我完全不知道应该怎么去配合他上课。其实后来我当老师的时候，也有这种感觉。

他把我拽进教室，当着所有人的面，把我的书包拿出来，把每一本书放进去。他每放一本书时，我都觉得像是什么东西捅在心上，痛极了。我一边忍着这疼痛，一边把手里的纸条放到那最要好的同学桌子上，走出了教室。

那天天气好极了，秋高气爽，天是蓝蓝的。我手上拿着一个塑料风车，忘了那个风车是谁的，秋风吹来的时候，那风车就在我眼前晃来晃去。

回到家后，看到我爸为了赶着给我们做午饭提前下班回来了，我愣在那儿看着他，他好奇我怎么这么早放学，而我却面不改色心不跳地撒了一句谎说："今天学校提前下课了。"我想，反正自己已经把生死置之度外了，撒谎也不是大问题。我说："我要先去给同学还这个风车，还完就回来。"转身的那一瞬间，看见父亲的背影，我想自己将要永远地失去他，太痛苦了，不过一切也应该结束了。

我跑到了朝阳门，站在桥边上长久地思考着是跳还是不跳。这时，忽然听见远处传来一片吵闹声，我看到我爸、我们老师还有全班同学，一起向我飞奔过来。我当时就想，太好了，他们终于来救我了，我不用那么尴尬地死去。

但不知怎么地，我却不由自主往和他们相反的方向跑起来，使劲地跑，却跑不快。我们班一个叫朱立的同学跑得非常快，他追上来一伸腿，我就摔倒在地。我的那个口疮又摔破流血了。这时候老师过来抱住我说："你怎么那么傻呀。"后来这个老师对我影响特别大。他曾说我："你将来不是一个栋梁之才，就是一匹害群之马。"

想想自己现在没成害群之马，但也不算栋梁之才。但我觉得很庆幸，经历了这荒诞的时刻，可以好好认识成长这件事了。人就是在荒诞中这样慢慢地长大，我摸了一下自己的嘴，好像那个口疮又长在了嘴上一样。

很怀念儿时，那时的杨树，那时的风车，过往生活的一切。

詩 poem

酒 wine

歌 song

《少年时代》

* 导演: 理查德·林克莱特
* 主演: 艾拉·科尔特兰、帕特里夏·阿奎特、
　　伊桑·霍克、罗蕾莱·林克莱特
* 上映时间: 2014 年

导演花了十一年的时间拍了这部电影。电影在 2015 年获得奥斯卡最佳女配角奖。电影中，男主角长大了，遇到偶遇的女孩时说："他们都说要及时行乐，要抓住眼前的时光。可我总觉得这句话不对，我觉得是时光抓住了我。"

追踪

上学的时候，一帮男孩子在一起，干过许多荒唐的事。

我和姜武、王劲松、阿彪，还有一个胖子，我们几个人一间宿舍，当时宿舍楼道尽头有一个七八个人住的大房间，我们几个要求住到一起。我们把那个房间布置得很漂亮，地上铺了一个床板，弄了一张席子，放了一套茶具，日子过得特别快乐。

记得是夏天，几个人在宿舍觉得无聊，就一起去学校澡堂洗澡。姜武有一瓶发乳，洗完每个人都抹了发乳在头上，我还有一瓶便宜的古龙香水，几个人都不停地往身上喷。每个人都像一整瓶移动的古龙香水。我记得自己穿了一件黑色的风衣，系了一条白色围巾，那围巾特别长，几乎拖到地，像《上海滩》里的许文强。

我们决定，在校门口坐 375 路公共汽车，上车以后看见的第一个漂亮女孩，就跟着她。想想几个未来影视界的栋梁之才，去跟踪一个女孩子，一定特别有意思。

我们几个人一到车站，真的遇到一个很漂亮、有气质的女孩子。她穿白色的衣服和牛仔裤，很简单的装扮样。我们几个跟在她后面上了公交车，她坐到了西直门站下车换乘地铁，我们也跟上地铁，那时她已经感觉到有几个浑身散发香气的男生在跟踪她了。

我们跟着她坐地铁到了复兴门，又从复兴门坐地铁到苹果园，后来实在坚持不住了，她坐在座位上，我们几个人扶着同一个把手，站在她周围。她抬头看我们一眼，我们几个就盯着她，她不说话也不笑，不做任何表情。我们像一群苍蝇找不到鸡蛋的缝一样，在旁边异常尴尬。

苹果园已经是郊外，非常远了，我们只好放弃，下了地铁。几个人下车一起敲地铁的车窗，那个女孩回过头来看我们，我们所有人冲她使劲地招手，喊再见，这时候她突然就笑了，那一笑特别可爱、特别美丽。这时候对面方向一辆空的地铁开过来了，我们四个人特别开心，向那辆车跑过去。可那辆车大概是要回总站，并没有停下来。

我们就一直跑跑跑，跑到站台尽头，车开走了，只剩空空的地铁站。四个人站在地铁站里，面对面，却很开怀地笑起来。

年轻时做的事真是很荒唐，但生活却充满了浪漫的情愫。

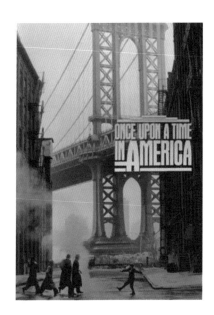

诗 poem
酒 wine
歌 song

《美国往事》

* 导演：瑟吉欧·莱昂
* 主演：罗伯特·德尼罗、詹姆斯·伍兹、
　　伊丽莎白·麦戈文、塔斯黛·韦尔德
* 上映时间：1984 年

这部电影是三部曲中的一部，另外两部分别是《革命往事》和《西部往事》，不过这两部不是很有影响力拍得也不好，唯独这部《美国往事》深入人心。这是黑帮片，讲了几个年轻人一起长大，在成长过程中追寻、背叛，然后蓦然回首的故事。电影里有爱情，有兄弟情谊，也有很多的秘密。这是一部艺术院校教科书式的电影，它的叙事方式，它的影调，它对过去的缅怀，都给了我们强烈的印象。《美国往事》中的一首歌 *Amapola*，我以前一个人待在房间时，常会放来听。歌词大意是说："罂粟花很美丽，我多么地爱它。"这首歌出现在主角怀念他初恋的女孩子时，是电影里很重要的部分。

如果可以回到那一刻

这是两个故事，可是我的记忆将它们混合在了一起，混乱了各自的时间和地点。

我们在课堂上，不记得犯了什么错误，似乎是劲松演了一个小品，我演他小舅子，他一遍遍地演，老师让他一遍遍重来，到最后他有些烦，对老师说演不好。齐老师很生气，把劲松轰出了教室，当时我也在台上，只好被一起轰出了教室。

那是夏天，天闷闷的，快要下雨的样子。也许齐老师那天心情不好，下了课，他便直接回家了。我们很害怕，在宿舍里想办法，后来决定去齐老师家承认错误，希望他能开心。

我们刚一出门，就开始下雨，下得很大，瓢泼大雨。可是我们都没有雨衣，也没有雨伞。天变得很凉，我们跑回房间想找一个能御寒或者挡雨的东西。结果每个人从柜子翻出来的都是大衣，军大衣、棉大衣还有棉袄。

我们全体穿上棉衣，冒着雨骑车往齐老师家去，大概骑了十五分钟，整个人被雨浇得透透的，身上的衣服变得很重很重。

我们到了老师家门口，把衣服全部脱下来堆在地上然后敲门进去，老师跟师母两人在家里用小火锅正在涮羊肉……这时候故事开始错乱，记忆中不再是夏季，而变成了冬季。

　　我们几个人也因为同样的错误，同样是去老师家，但是没有湿答答的衣服，只有很冷的风。我们同样穿着大衣，但没有把它们扔在门口，而是穿进屋里，带着寒气。老师和师母似乎也同样是在涮羊肉。

　　我只记得这两次我们出发去老师家，无论是大雨的黄昏，还是刮风的黄昏，我们都在使劲地笑，也不知道为什么笑，只记得我很俏皮地说了一句话："哥儿几个走着。"但是用着很怪的腔调。大家就开始笑，一路上都喊着："哥儿几个走着。"

　　到了老师家，老师问我们吃过饭没，我们全体撒谎说吃过了。几个人坐在老师家很小的客厅里面，在旁边看他吃东西。我们跟老师道歉，可老师并没有像白天那样生气，笑着说："你们都不错，都是很有才华的。"他吃完饭，我们就一起叼着烟，师母沏了一大壶茶，几个人肚子都好饿，可心里却特别快乐。

　　我跟齐老师在一起待了近十年，他后来头发有点秃，得了心脏病，但是记忆中那时的他，头发黑黑的，人胖胖的，很浓密的胡子刮得干干净净。

　　再后来，我们离开老师家，雨停了或者是北风还在刮，夏天又或是冬天。我们骑到北太平庄的超市，一人买了一大块蛋糕，然后骑上车，一边迎着风一边把蛋糕往嘴里送。心里高兴，觉得老师很爱我们，我们也爱老师。几个人一边骑车一边笑一边说着："哥儿几个走着。"

养儿方知父母恩。当我开始做老师的时候，不断想到自己的老师，想到和老师一起在排练厅度过的日子，光耀得我们的眼睛直发花，舞台上的我们好像被什么别的灵魂附住了，我们在哭，我们在笑，我们在大声朗诵着我们的台词……

好像是好久以前的事情，魔法师此刻能来就好了，让我回到那刻就好。

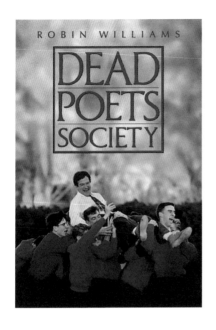

诗
poem

酒
wine

歌
song

《死亡诗社》

* 导演：彼得·威尔
* 主演：罗宾·威廉姆斯、伊桑·霍克、
    罗伯特·肖恩·莱纳德
* 上映时间：1989 年

这部电影的男主角罗宾·威廉姆斯因为抑郁症选择自杀了，
他是一个非常非常有天分的喜剧演员，可是却拥有一颗极度
忧郁的内心，最后终于主动选择离开这个世界。《死亡诗社》
这部电影讲的是一个老师的故事，我一直都用影片中那个老
师的行事方式来要求自己，经历着自己作为一名老师的成长
和选择。

我将春天付给你

好快好快，面对自己的生活时永远有这种感觉。

讲过的许多话，仿佛都在一瞬间，生活仿佛也在一息之间。翻看旧的日记本更是感慨，我在写那本日记的时候，住在学校分给我的一间很小的房间里。其中有一篇写道："天在下雨，在打雷，想到远方的恋人。我想如果这个时候，她在我旁边，一定会钻到我怀里。"可一转眼回到今天，已经过去了好长一段时间，恋人此刻却依然在远方，她出门拍戏，不在我身旁。

过去的事情，有些想去回忆，有些是你不想回忆也会想起的。

有一天晚上，我们几个人在合租的大房子里，大家饿了，就跑出去买了一堆吃的。四个男生围在一起，有啤酒，好像还有红酒。我上大学的时候还挺爱喝酒的，有时喝得晕晕的，可以想到很多平常想不到的事情。他们几个人其实不喝酒，那天也喝起酒，频频举杯，开怀畅饮。大家在讲很多上大学、读研究生时的故事。后来聊起我们以前听过的歌，我说起自己崇拜的一个人，罗大佑。我有一张他写给我的小卡片，我把它装在镜框里，他是我心中的一个诗人。

我很喜欢他的一首歌，《爱的箴言》。

我们开始放这首歌，忽然间觉得，许多事情都过去好久了，永远永远回不来。歌里唱道："我将春天付给了你，将冬天留给我自己……"

我想到做老师也是这样，如同我自己的老师，把春天给别人，冬天给自己。

我们几个人蜷在沙发上，心满意足地喝着酒，开始想着自己的心事。我真的好想回到过去，此刻也想。我想起过去每一天的日子，怀旧的心情涌上。我们永远回不去了，回不到那时光，那个年轻的、肆无忌惮的时刻。

罗大佑在我们身边一遍一遍地唱着，几个人开始哭了。我们用一种近乎黑色幽默的表达方式，互相拍拍肩，呼噜一下脑袋，大家都只有一句台词："过去真好，可是回不去了。我不得不清醒面对现实，已经回不到那个时刻。"大家开始轻声讲过去，我讲了自己大学时代的恋爱，我那时跟卡尔爱上同一个女孩子，我好多年都没有问过他，那天我问："你是不是也喜欢她?"他不说话，只是冲着我笑。

每次想到那天晚上的经历，我就想要停止。想回到过去永远只是个梦想。

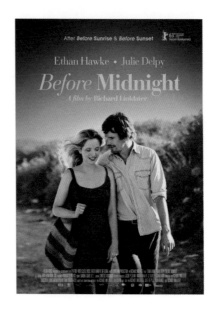

《午夜之前》

* 主演：理查德·林克莱特
* 主演：伊桑·霍克、朱莉·德尔佩
* 上映时间：2013 年

这是跨越十八年摄制的电影三部曲中的一部，另外两部是
《日出之前》《日落之前》，讲的是两个年轻人在希腊偶遇之
后的爱情故事。这部电影的男女主演现实中也在一起生活，
两个人相伴跨越了十几年。这部电影的导演在拍摄时，用了
非常奇特的手段，非常长的镜头，非常短的对白，有许多很
细腻的细节。

错位生活

　　我常会想象戏剧中的一些画面和场景，它们是生活的写照，如同我们在生活中碰到的现实一样。有时候我跟一个人在讲话，谈论一件很动情的事，也很投入，忽然在另外一边，有人在谈论另外一件事情，他们发出的笑声，好像是对我的嘲弄。

　　事实上，我们很多时候只是活在自己的世界里面，而不是跳出来去看待周围。但在戏剧里面是可以的，我坐在观众这一边，坐在舞台的下面，面对一些演员，灯光和音乐配合在一起，才忽然发现这就像生活一样，是错位的。

　　现实生活会需要你组接不同的情绪，所以我在舞台的处理上，也会试图用情绪、用情感脉络来组接。

　　人与人之间，在爱情、亲情、友情这些情感之外，还有第四种情感，这是现代社会人类之间的一种主情感，大家沟通的方式是以第四种情感为主的。这种情感是前三种的不同组合，因成分比例的不同而组合成许多样式。在生活中你会发现，全部情感都像戏剧一样，是被我们无意识地组接出来的。

　　这一点在《送冰的人来了》这部戏中很典型。戏里有许多人物，他们身上没有发生惊心动魄的事件，也没有尖锐的、不可化解的情境，例如《雷雨》中复杂的人物关系。

这部戏剧中的人物都是很简单的，事实上生活就是这么简单，生活又是如此动人。生活带给我们的，不光是生活本身，还有很多感受。

我开始发现，情感之所以能组合，是因为它的脉络全部是一致的。不论是在爱情中、友情中、亲情中，它都有为主的脉络。发现了这些主脉络，会觉得人就是这么清晰、简单。可因为它的组合千变万化，使人变得愈发地复杂，甚至有些不可理喻，不能透知真相。

戏剧对我的影响，比电影还要大。因为我从小生活在这样的环境里。我爸爸是中央实验话剧院的演员，我妈妈做舞台的服装设计，他们下午四点钟就要到后台化妆、在后台吃饭、演出。我四点多钟下了课之后，家里人就会把我带到后台去，有时候和我姐姐一起。因为家里人不放心，就每晚把我们带到后台写作业，写完作业就看戏，看完戏和家人一起回家。

我穿梭在化妆间里，看叔叔阿姨化妆，我记得有个阿姨特别好看，穿一件白裙子，上面有黄颜色的花。吃了晚饭之后，他们要准备上台了，剧场的叔叔就会把我领到一个座位上，我在台下看戏，一遍一遍地看。那时候，有一部印象特别深的戏《灵与肉》，讲一个黑人拳王的故事。我爸爸在里面演这个拳王最好的朋友，美国的一个白人青年。那时候他已经四十五岁了，可他演一个二十几岁的小伙子，在台上活蹦乱跳。我记忆中，每到最后他演被恶势力用汽车撞死的一场戏的舞台处理是他站在舞台中间，一声急刹车的声音，他做出被撞的慢动作，倒在地上。我每一次看到那儿就哭，想着："完了，我爸死了。"特别痛苦。当演出完，叔叔阿姨把我领到后台，我看见我爸拿着一堆卸妆油把脸涂成花脸时，我就特别高兴，过去抱住他，心想，太好了，他又活了。

就这样，我被戏剧的假想情景带动了很多年。我妈妈曾经讲过我小时候的一件事。舞台后面的幕布倒在台上，鼓起一大块的气泡，我穿着一身鹅黄色的小衣服，跑上舞台去踩那个气泡。管灯光的叔叔忽然把灯光打开了，所有的人都围在周围，看我一个人在舞台上跳……那时我便不自觉地开始了在舞台上的表演。

舞台和生活有些相似，托尔斯泰在写《安娜·卡列尼娜》最后一段时，跑到沙发上哭，他家里人就问他怎么了，他说安娜死了。家里人很奇怪："这不是你自己写的吗，不写她死不就好了？"但是艺术作品有自己的生命，到某个程度才能爆发，自有轨迹，戏中人的归宿也是注定的，没法抑制。

生活也一样，有些变化我知道应该发生，但必须要到那一步，人生也有不能抑制的定向，自有轨迹。

诗 poem

酒 wine

歌 song

《中国人史纲》

柏杨 / 著

如果你读懂柏杨，你会知道他是有着非常强的民族责任感和
担当的一个人。《中国人史纲》可以当成一套很有趣味的书
来读，我这些年出门都会随身携带。这套书通常分为上中下
三册，是柏杨先生曾经在狱中服刑期间开始酝酿和写作的。
他从一个非常冷静的角度去看待中国历史，而且用他非常柏
杨式的诙谐，对中国文化进行了立场鲜明的批判，去形容
这样一段历史和描述这样一段历史，同时去评价这样一段
历史。读完这本书，你会发现今天在你的生活中，在你的身
边，你遇到的很多不能理解不能接受、让你很惊讶的事情，
这本书里都写了。这些事情不奇怪，它早就发生过。

重要的是灵魂

我在北京电影学院读书七年，之后做了学院的老师。

学院有门很重要的课程，观摩课。我们每周一放两部国产影片，或者是老电影的回放，周二和周三晚上放两部最新的电影。学校还经常举办电影周。所以到台北后，通告繁重如山，真的有些不适应，到了晚上我最大的愿望是去看场电影。有一次去电影院闹出了个笑话。我们去买电影票，那儿的票卖得比别处贵。我就问人家："你这里送不送爆米花？"那个卖票的小姐用一种很轻蔑的眼神看着我，她一定心想：这个人怎么会这样，居然来要爆米花。

那次我看了《圣女贞德》。很多人对这部电影的评价不好，可我觉得还不错。因为我有自己看电影的角度和想法。在这部电影里，吕克·贝松用一个半小时拍了一个商业化的圣女贞德，又用了一个小时对他自己的拍摄方法和这个故事进行了理论分析和探索。他不是单纯地在拍电影，而是在电影里奉送了一篇电影评论，提出一个问题：上帝的使者会不会来救贞德呢？从商业角度，观众当然都希望，上帝忽然显灵救了贞德。结果并没有，吕克·贝松批判了这样的方式。最后贞德死时被烧的表情，依旧是充满恐怖的，那种恐怖是不可名状的。可是她的心灵得到了平静，她最后忏悔并认清了自己，我觉得这大概是导演真正的意图。如此大师级的导演，在创作时会有一种愿望：完成作品，不仅仅是完成一个故事，更需要完成一种意图，讲述自己心里的一段感受，或者是一种理念。

谈到大师，有许多大师的电影给我的印象和影响都很深。前面讲过伯格曼，之外还有弗朗索瓦·特吕弗，他是法国新浪潮的代表人物。

学院曾经搞过一次法国电影周，我们看了一些电影后，我又去拉片看，去看法国新浪潮电影的变化。《四百击》，讲述了一个很反叛的小男孩的成长过程，那是导演的一个自传。我看到电影里男孩童年的故事，就像是在看我自己。在电影中，孩子叛逆，希望能够逃避现实生活，他甚至在房间里点根蜡烛，把巴尔扎克的肖像放在前面，去礼拜他，结果蜡烛一下把家里的窗帘和床单都给烧着了。童年真的是如此荒唐。

我喜欢特吕弗的这部电影，是因为我觉得所有人进入创作状态中，会更多从自己童年开始思索人生的轨迹，思索自己成长的影子，思索自己如何来到这个世界，思索自己的模样。

《四百击》中，这个孩子后来被送到管教所，有天全体在操场上打球训练时，他逃跑了。令人印象最深的一个镜头就是他在跑，那个镜头有几分钟之久，一直跟着他在跑。他跑过一片铁的篱笆、一片树丛、一条路，一直跑一直跑，直到跑到海边，四下张望，没有路了，只有海水"哗哗"地冲过来。他转过头来，镜头往他的脸推过去，定在他那张年少而又无知的、带一点叛逆的面孔上。

看到这里我很感动，大概每个人的童年都有这样的一个过程，充满着荒唐的行为。

《四百击》让我思索，开始从自己身上看到童年的影子。

《魔灯》

英格玛·伯格曼 / 著

瑞典导演英格玛·伯格曼，我喜欢他拍的电影，也推荐给大家看——《野草莓》《芬妮与亚历山大》《夏夜的微笑》《第七封印》，还有《犹在镜中》，以黑白片为主。他的自传《魔灯》，我看了很多遍。其中有一段情节，讲他小时候，黑白放映机对着一面灰暗暗的墙，还有一个壁橱。他躲在橱里对着黑乎乎的墙，把放映机打开，里面有一小卷胶片，放的是一个女人笑着走来，然后又慢慢走开。他每次用手摇那铜把手的时候——那是老式放映机，只能用手摇——温热的感觉让他感到舒服，特别快乐。很多年以后，当他拍了很多年的电影、开始回想自己一生的时候，顿觉一切都变得不重要，重要的是灵魂。

人间四月天

当我知道要演《人间四月天》的时候，不是兴奋，是觉得奇妙。我要扮演一个诗人，我要去表现诗人的生活。

我们拍了很长时间，从北京到天津，到浙江的横店，再到伦敦和剑桥。这是我拍过的最累的一部戏，几乎每天都有通告。导演老丁说，这部戏除了他之外，就是我最累。

每一天都很早起来，晚上很晚结束，有些时候我也会焦躁不安。记得有一天拍火车的戏，老丁过来跟我说："你今天可轻松了，没有台词，没有很多的动作，也没有很多要演的戏，就是坐火车，反正一直在火车上拍，唯一累的就是要不停地换衣服，换眼镜，换发型。"可我跟他说，其实这是最累的，因为所有戏的凝结之处，所有情感归宿之处，都发生在火车上。志摩自己也讲过，他很爱动，他喜欢动的东西，喜欢坐火车，喜欢坐飞机，喜欢去飞。他说诗人就没有不想去飞的。

拍这部戏给我最大的收获是，我开始觉得自己变了。思考的问题越来越多，而且真的想进入诗人的世界，体验诗人的生活。如果把《人间四月天》比成我的一个里程碑，或者是一个起步的话，那我真觉得是对这部戏不公平的评价，我反倒认为它是对我人生的一个帮助，一个起步。好像在拍这部戏的过程中，我一天一天地把心底擦亮，像镜子一样开始照自己。我们每天早上起来都照镜子，可是很少找一个时间去照心灵。

我有个习惯，拍戏过程中喜欢带着日记本，带着想读的书。其实拍戏的过程中很多时候是乏味的，大家在准备一个镜头，或者其他人会讨论很长很长的时间，自己没事可以做，就躲在一个地方写日记。看到日记本里，有这一段：

早早的，就起床了。

却又不太愿意相信眼前的现实。该出发了，该开工了，六点钟了。妈的，有一点不情愿相信眼前现实带来的绝望和冷静，还有一点点不相信经历过的快乐。一篇小说，几句话，加上延绵不尽的幻想，生活就确立了，你别无选择，并且不必忧伤，当然也不必欣喜若狂，就是这样，真不错。对面的两岁半男孩会在另一幻想时空中成为我的儿子。目前他已经睡着了，在这个完全陌生的环境中，我可以深深体会，他一会儿醒来的无助与绝望。偌大的空间，清冷的几人，四周一片阴霾，远处的几声鸟啼，包括这已经初生到人世的绝望。两岁半的我，同样不为人知，充满孤独，只是如今再不能回忆起来，凭借的只是幻想，无休止的幻想。后来的漫长岁月中，我也会不断地睡去，不同的地方，不同的床，身边不同的人。有老人、青年和孩子，在不同的时空下，交替着内容不同却含义相近的梦境。也许将来睡去的，成为永远的，我不得而知，而且无力自拔。人群涌入，搅破了我的静寂，只有一直静坐在我对面的母亲，是个年轻的母亲，和两岁半的孩子，深深地体会到那一刻，我的沉默与无聊。

清晨，早早地起来，然后再次睡去，于是天高云淡，大雁北回，青草遍地，万籁无声。于是我开始放声高歌，于是我尽力去奔跑，于是去爱恋美丽的女人，于是奋力地飞向天际。睡去，昏昏沉沉的，当几束阳光从窗里滑入我的身体，滑入我的灵魂，并且拉起我的双手，轻推开我的双眼，在光和影的交错间，手指枯叶般地舞动，指尖流出浓白的液体，滴向天空融成白云，然后就是飘飘荡荡，我的肢体被彻底割离。

这一篇大概是4月份在天津写的。日记中那个两岁半的孩子，在剧中演小时候的Peter。那天他睡在一个很大的房间里面，我在对面看着他，然后几缕阳光从窗棂泻入，洒在他身上。拍一个诗人的戏，也像梦境一样。所以后来慧琳姐说："黄磊，拍好徐志摩，拍坏了自己的心。"

我倒没觉得拍坏了我的心，我觉得拍好了我的心，是另一种意义的好。这部戏对于我不仅是一个作品，好像更成为了我人生很重要的一个过程。我就应该去演这部戏，去把八十年前的爱情故事和诗人的成长表达出来。

在天津浪漫的4月天里，我甚至想讴歌树叶的新绿，不像那些柏树熬了一个冬天，变成苦绿色。所有的绿都是鲜艳的，像我心中新长出的一块肉，蠢蠢欲动，跃跃欲试。你从摄影机这边走进去，仿佛走进另外一个世界。戴上眼镜，鼻梁压出深深的印子，梳一个油光锃亮的头，穿上那身长衫。心中仿佛在说：轻轻地我走了，正如我轻轻地来。

我真的很想念徐志摩，后来我们到浙江海宁给他扫墓，去看望他。站在墓碑边的时候，我拿树枝清扫他的碑和后面的墓，忽然间感到我和他是如此靠近，但又不得不离开，回到自己的现实生活中。

　　我第一次听到刘若英的《四月天》这首歌是在伦敦附近的郊区，她拿小样给我们听。我穿过一个教堂的后院，看到水流过，听到里面的歌词：四月天梅雨漫漫，我想见你的脸。

　　《人间四月天》，它已经很远了，远去了很长的时间。

《春膳》

伊莎贝拉·阿言德 / 著

《春膳》，估计大家现在已经买不到了，我是很多年前在台湾诚品书店买的。作者是南美女作家，叫伊莎贝拉·阿言德。这本书讲到了美食，讲到了美食和性，美食和春情之间的关系，非常有趣，也写到了很多很棒的菜谱。其实那个时候我也不懂，以为就是一本菜谱书，但是后来我才知道这位女作家的身世和经历。她叔叔是南美一个国家的领导人，被谋杀了。她后来还写过一本非常有名的小说，这部小说还被拍成了电影，电影中女主角是有灵异能力的，电影的名字叫作"金色豪门"。《春膳》这本书中却没有讲到政治和历史，把一切都回归到了她的厨房里，这样一种勇气令我很感动。

爱一切美好事物

这一年，我成为一名创业者，创立了生活方式品牌"黄小厨"。我希望自己做一个小工匠，从小处和细节做起，安于做好自己的小事，并且乐于跟大家分享。其实，在生活中，我们都是在一个巨大的平台上的一个个小小的生产者，是小而美的小工匠。至于做什么样的产品、以什么方式展现，这都是后话，更重要的是，先弄清做这一切的前提是什么。"黄小厨"品牌倡导的，就是回家吃饭，多陪家人，爱美食，爱分享，爱家人，爱世上美好的一切。

真正有品质的生活方式就是自己动手，你营造的环境、使用的工具、怀有的心情……这一切都让你乐于动手去"经营生活"，过更平实、有趣、健康的生活。大家普遍认为，在家做饭是一种低成本的生活方式，但是当你真的去试的时候，你会发现，在家做饭其实各种成本极高，但是却能带来非常不同、非常丰富饱满的生活品质的提升。以前我们追求收入，现在追求生活方式，按喜好过有品质的生活。这跟收入不必然相关，最需要的是一颗追求美好的心。

人们渐渐习惯以生活方式来界定人的群属，或者归类一个人，这与金钱及财富没有直接关系，也可能你并不是一个收入极高的人，可小富即安，动手做了很多的事情，从小处做起，也能够享受一切美好的生活。真正高品质的生活，应该是你能够在家享受你的时间，做你喜欢吃的东西，跟家人享受相处的时光。

爱一切美好事物，一切美好事物能为生活带来更加丰富的体验，增添生活的乐趣，激发生活的热情。生活方式可以多种多样，但是充满了美好与热爱的生活，一定会更加充实。

图书在版编目（CIP）数据

黄小厨的美好日常 / 黄磊著 . -- 长沙：湖南文艺
出版社，2016.4
ISBN 978-7-5404-7578-9

Ⅰ. ①黄… Ⅱ. ①黄… Ⅲ. ①饮食—文化—中国
Ⅳ. ① TS971

中国版本图书馆 CIP 数据核字 (2016) 第 076723 号

黄 小 厨 的 美 好 日 常
HUANGXIAOCHU DE MEIHAO RICHANG

黄磊 著

出 版 人　曾赛丰
出 品 人　陈　垦
出 品 方　中南出版传媒集团股份有限公司
　　　　　上海浦睿文化传播有限公司
　　　　　上海市巨鹿路 417 号 705 室 (200020)
责任编辑　唐　敏
装帧设计　邵　年
美术编辑　王瞻远
责任印制　王　磊
出版发行　湖南文艺出版社
　　　　　长沙市雨花区东二环一段 508 号 (410014)
网　　址　www.hnwy.net
经　　销　湖南省新华书店
印　　刷　恒美印务 (广州) 有限公司

开本：880mm×1230mm　1/32　　印张：7.5　　字数：150 千字
版次：2016 年 4 月第 1 版　　　　印次：2017 年 6 月第 1 版第 10 次印刷
书号：ISBN 978-7-5404-7578-9　　定价：48.00 元

黄小厨
noob HUANG

出 品 人：黄　磊
策　　划：黄小厨新厨房生活（北京）有限公司
插　　画：尚燕平　北京燚工坊　杨冰 Lula
封面摄影：韦　来

微信公众号：huangxiaochu921
新浪微博：@ 黄小厨 noob

出 品 人：陈　垦
策　　划：张雪松
监　　制：唐　敏　蔡　蕾
出版统筹：戴　涛
编　　辑：刘　佳　张　煜
装帧设计：邵　年
封面设计：王瞻远
插　　画：書　晚

投稿邮箱：insightbook@126.com
新浪微博：@ 浦睿文化